TRAITÉ ÉLÉMENTAIRE

DE

CRISTALLOGRAPHIE GÉOMÉTRIQUE

TRAITÉ ÉLÉMENTAIRE

DE

CRISTALLOGRAPHIE

GÉOMÉTRIQUE

A L'USAGE

DES CANDIDATS A LA LICENCE ET DES CHIMISTES

PAR

G. LION

PARIS

GEORGES CARRÉ, ÉDITEUR

58, RUE SAINT-ANDRÉ-DES-ARTS, 58

—

1891

PRÉFACE

———

J'ai exclu de ce petit traité, dont le titre devrait être plutôt : « *Notions premières de cristallographie géométrique* », tout ce qui n'est pas absolument indispensable à la compréhension du but du calcul cristallographique.

Je l'ai écrit avec l'espoir qu'il pourra rendre quelques services à toutes les personnes qui débutent dans l'étude de cette branche de la science, et en particulier aux candidats à la licence et à ceux des chimistes qui veulent bien reconnaître qu'ils n'ont pas le droit de se priver du concours d'un aussi précieux auxiliaire.

G. Lion.

AVANT-PROPOS

PRINCIPALES FORMULES DE LA TRIGONOMÉTRIE

SPHÉRIQUE

En appelant ABC les angles et *abc* les côtés d'un triangle sphérique, et en considérant le trièdre formé au centre de la sphère à laquelle il appartient par les rayons aboutissant à ses trois sommets, on obtient facilement les formules fondamentales suivantes :

$$(1)\quad \cos a = \cos b \cos c + \sin b \sin c \cos A$$
$$(2)\quad \cos b = \cos a \cos c + \sin a \sin c \cos B$$
$$(3)\quad \cos c = \cos a \cos b + \sin a \sin b \cos C$$

entre les trois côtés et un angle.

$$(4)\quad \frac{\sin a}{\sin A} = \frac{\sin b}{\sin B} = \frac{\sin c}{\sin C}$$

entre deux côtés et les angles opposés.

Si dans la formule (1) on remplace simultanément cos C par sa valeur donnée par (3) et sin C par $\dfrac{\sin a \sin C}{\sin A}$, valeur obtenue à l'aide de la relation (4), ou encore $\cos b$ et $\sin b$ par leurs valeurs tirées des relations (2) et (4), puis qu'on fasse subir les mêmes transformations aux formules (2) et (3), on obtiendra les six relations :

$$(5) \quad \operatorname{cotg} a \sin b = \cos b \cos C + \operatorname{cotg} A \sin C$$
$$(6) \quad \operatorname{cotg} a \sin c = \cos c \cos B + \operatorname{cotg} A \sin B$$
$$(7) \quad \operatorname{cotg} c \sin a = \cos a \cos B + \operatorname{cotg} C \sin B$$
$$(8) \quad \operatorname{cotg} c \sin b = \cos b \cos A + \operatorname{cotg} C \sin A$$
$$(9) \quad \operatorname{cotg} b \sin c = \cos c \cos A + \operatorname{cotg} B \sin A$$
$$(10) \quad \operatorname{cotg} b \sin a = \cos a \cos C + \operatorname{cotg} B \sin C$$

Entre deux côtés, l'angle compris et l'angle opposé à l'un d'eux.

En ne faisant porter le remplacement que sur les cosinus des côtés [$\cos b$ et $\cos c$ pour la formule (1)], on arrive à six nouvelles relations :

$$(11) \quad \sin a \cos B = \sin c \cos b - \cos c \sin b \cos A$$
$$(12) \quad \sin a \cos C = \sin b \cos c - \cos b \sin c \cos A$$
$$(13) \quad \sin b \cos C = \sin a \cos c - \cos a \sin c \cos B$$
$$(14) \quad \sin b \cos A = \sin c \cos a - \cos c \sin a \cos B$$
$$(15) \quad \sin c \cos A = \sin b \cos a - \cos b \sin a \cos C$$
$$(16) \quad \sin c \cos B = \sin a \cos b - \cos a \sin b \cos C$$

Entre cinq éléments, trois côtés et deux angles.

Par la considération du triangle polaire du premier, les formules (1), (2) et (3) deviennent :

$$(17) \quad \cos A = - \cos B \cos C + \sin B \sin C \cos a$$
$$(18) \quad \cos B = - \cos A \cos C + \sin A \sin C \cos b$$
$$(19) \quad \cos C = - \cos A \cos B + \sin A \sin B \cos c$$

Entre un côté et les trois angles.

FORMULES DE DELAMBRE

Appelons 2S l'excès sphérique

$$A + B + C - \pi = 2\pi - (a + b + c)$$

du triangle et partons de la formule bien connue :

$$\sin \frac{A + B}{2} = \sin \frac{A}{2} \cos \frac{B}{2} + \cos \frac{A}{2} \sin \frac{B}{2}$$

En y remplaçant $\sin \frac{A}{2}$, $\cos \frac{A}{2}$, $\sin \frac{B}{2}$, et $\cos \frac{B}{2}$ par

les valeurs :

$$\sin \frac{A}{2} \sqrt{\frac{\sin S \sin (S - a)}{\sin b \sin c}} \qquad \cos \frac{A}{2} \sqrt{\frac{\sin (S - b) \sin (S - c)}{\sin b \sin c}}$$

$$\sin \frac{B}{2} \sqrt{\frac{\sin S \sin (S - b)}{\sin a \sin c}} \qquad \cos \frac{B}{2} = \sqrt{\frac{\sin (S - a) \sin (S - c)}{\sin a \sin c}}$$

et opérant toutes les réductions, on obtient finalement:

$$(\alpha) \qquad \frac{\sin \dfrac{A + B}{2}}{\cos \dfrac{C}{2}} = \frac{\cos \dfrac{a - b}{2}}{\cos \dfrac{C}{2}}$$

On trouverait d'une façon analogue les trois autres :

$$(\beta) \quad \frac{\cos \dfrac{A + B}{2}}{\sin \dfrac{C}{2}} = \frac{\cos \dfrac{a + b}{2}}{\cos \dfrac{c}{2}} \qquad (\gamma) \quad \frac{\sin \dfrac{A - B}{2}}{\cos \dfrac{C}{2}} = \frac{\sin \dfrac{a - b}{2}}{\sin \dfrac{c}{2}}$$

$$\delta) \quad \frac{\cos \dfrac{A - B}{2}}{\sin \dfrac{C}{2}} = \frac{\sin \dfrac{a + b}{2}}{\sin \dfrac{c}{2}}$$

ANALOGIES DE NÉPER

En divisant (α) par (β) et (γ) par (δ), on arrive aux formules

$$\operatorname{tg} \cdot \frac{A + B}{2} = \cotg \frac{C}{2} \cdot \frac{\cos \dfrac{a - b}{2}}{\cos \dfrac{a + b}{2}} \qquad \operatorname{tg} \frac{A - B}{2} = \cotg \cdot \frac{C}{2} \cdot \frac{\sin \dfrac{a - b}{2}}{\sin \dfrac{a + b}{2}}$$

qui permettent de calculer les deux angles A et B quand on connaît leurs côtés opposés a et b et l'angle compris C.

En divisant (γ) par (α) et (δ) par (β), on obtient les nouvelles formules

$$\operatorname{tg} \frac{a - b}{2} = \operatorname{tg} \frac{c}{2} \frac{\sin \dfrac{A - B}{2}}{\sin \dfrac{A + B}{2}} \qquad \operatorname{tg} \frac{a + b}{2} = \operatorname{tg} \frac{c}{2} \frac{\cos \dfrac{A - B}{2}}{\cos \dfrac{A + B}{2}}$$

qui permettent de calculer deux côtés a et b connaissant leurs angles opposés A et C et le troisième côté c.

TRIANGLES RECTANGLES

Toutes les formules précédentes se simplifient lorsqu'il s'agit de triangles sphériques rectangles.

On peut d'ailleurs les écrire facilement à l'aide de la règle suivante.

Si l'on remplace les deux côtés de l'angle droit b et c par $\frac{\pi}{2} - b$ et $\frac{\pi}{2} - c$ et qu'on envisage $\frac{\pi}{2} - b$, C, a, B et $\frac{\pi}{2} - c$ comme formant une série fermée, le cosinus de l'un quelconque de ces éléments sera toujours égal soit au produit des cotangentes des éléments immédiatement adjacents, soit à celui des sinus des éléments opposés à ceux-ci.

On obtient de la sorte toutes les formules utiles à la résolution des triangles rectangles :

$$\cos a = \cos b \cos c \qquad \cos a = \cotg B \cotg C$$
$$\tg c = \sin b \tg C \qquad \tg b = \sin c \tg B$$
$$\sin b = \sin a \sin B \qquad \sin c = \sin a \sin C$$
$$\tg b = \tg a \cos C \qquad \tg c = \tg a \cos B$$
$$\cos C = \cos c \sin B \qquad \cos B = \cos b \sin C$$

Si donc un triangle quelconque exige la connaissance de trois éléments, un triangle rectangle n'en exige que deux pour être entièrement résolu.

[illegible]
[illegible]
[illegible]

[illegible]
[illegible]
[illegible]
[illegible]
[illegible]
[illegible]
[illegible]
[illegible]
[illegible]
[illegible]
[illegible]

[illegible]
[illegible]
[illegible]

TRAITÉ ÉLÉMENTAIRE

DE

CRISTALLOGRAPHIE GÉOMÉTRIQUE

CHAPITRE PREMIER

But de la cristallographie. — Lois fondamentales. — Axes
cristallographiques. — Plans et axes de symétrie. —
Différents systèmes cristallins. — Cristaux holoèdres et
cristaux hémièdres. — Zones. — Macles.

La cristallographie a pour but l'étude des formes polyédriques plus ou moins complexes, appelées cristaux, que la matière simple ou composée est susceptible de prendre dans certaines conditions.

Le plus souvent un cristal présente, à première vue, une multitude de facettes plus ou moins régulières de forme et qui semblent réparties sur sa surface sans aucun ordre déterminé, de sorte qu'il paraît impossible de se baser sur la forme cristalline pour obtenir une classification utile des espèces.

Mais, si au lieu de considérer les faces et les arêtes suivant lesquelles elles se coupent, on vient à mesurer les angles dièdres qu'elles forment deux à deux et à répéter ces mesures sur un grand nombre de cristaux, on arrivera à mettre en évidence cette loi qui domine toute la cristallographie.

Loi de la constance des angles. — Pour une même substance, *chimiquement pure*, les angles sous lesquels les faces se coupent sont constants.

Aucune règle ne préside en effet à la fixation des dimensions relatives des éléments *faces* et *arêtes*, l'élément *angle* seul reste invariable. Cela revient à dire qu'un cristal étant placé d'une certaine façon par rapport à un système d'axes coordonnés, ses faces ne sont astreintes qu'à la condition de faire des angles déterminés avec les plans coordonnés.

En réalité cette loi, comme toutes les lois physiques d'ailleurs, ne doit être considérée que comme une loi limite, n'étant rigoureusement vérifiée que dans le cas de la pureté absolue de la substance, condition qui n'est pour ainsi dire jamais réalisée. Aussi trouve-t-on toujours, dans les mesures d'angles, de légères différences qui peuvent atteindre plusieurs minutes, et qui amènent à envisager le cristal non plus comme un

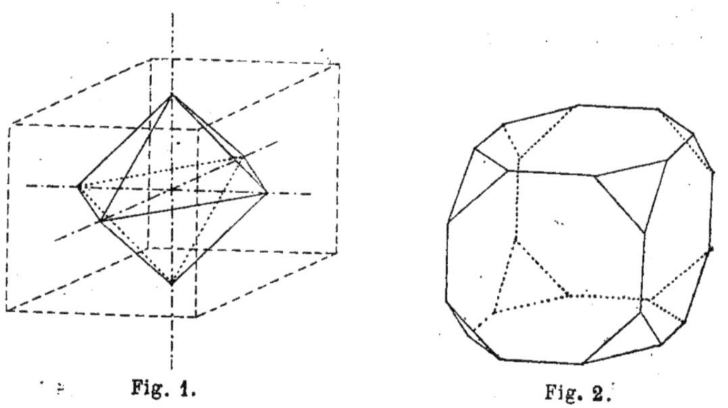

Fig. 1.　　　　Fig. 2.

polyèdre géométrique rigoureusement invariable de forme, mais bien comme un individu minéral, ayant une vie propre et des signes distinctifs analogues à ceux qui permettent de différencier les individus d'une même espèce dans le règne végétal ou dans le règne animal.

A elle seule, cette loi suffirait pour établir une classification, si les substances cristallisaient toujours sous la même forme simple, la forme octaédrique par exemple.

On trouverait ainsi des octaèdres inscriptibles dans le cube, dans le parallélipipède droit à base carrée, dans le parallélipipède droit à base rhombe ou à base rectangle, dans le parallélipipède oblique à base rhombe ou droit à base parallélogramme, enfin dans le parallélipipède oblique quelconque.

Elle suffirait encore si le cristal ne prenait jamais qu'une forme résultant de la superposition du prisme et de l'octaèdre correspondant (forme composée de deux formes fondamentales).

Mais il n'en est point généralement ainsi, car il existe, pour chaque forme fondamentale, prismatique ou octaédrique, un plus ou moins grand nombre de formes *secondaires ou dérivées*, qui peuvent venir, en tout ou en partie, se greffer sur les formes fondamentales et engendrer une foule de facettes qui rendraient le cristallographe tout à fait impuissant, si Haüy n'avait découvert qu'elles sont soumises à une seconde loi aussi importante que la première.

Loi de rationalité. — Si l'on choisit pour axes coordonnés, afin d'y rapporter les faces du cristal, les trois arêtes d'un de ses angles trièdres, et que l'on considère deux de ces faces, ABC et A'B'C', elles coupent les axes à des distances a, b, c et a', b', c' de l'origine dont les rapports respectifs

$$\frac{a'}{a} = m \qquad \frac{b'}{b} = n \qquad \frac{c'}{c} = p$$

sont des membres entiers ou fractionnaires, mais toujours *rationnels* (Voir note 1).

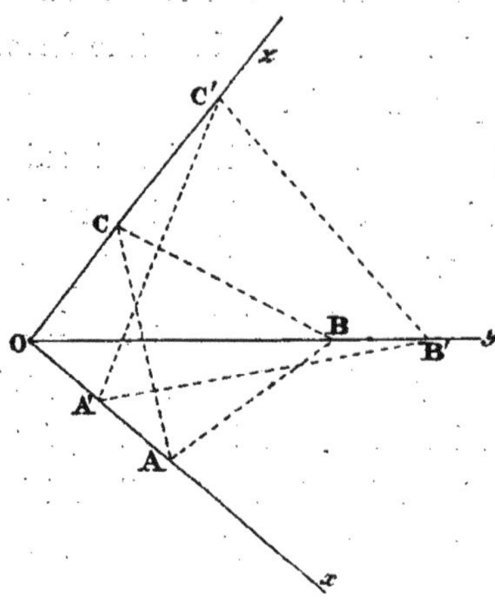

Fig. 3.

Si la seconde face A′B′C′ ne rencontrait que deux des axes, *ox* et *oy* par exemple, elle serait parallèle au troisième et aurait pour paramètres :

$$a' = ma$$
$$b' = nb$$
$$c' = \infty\, c$$

Si enfin elle ne rencontrait qu'un seul axe *oz*, elle serait parallèle au plan des deux autres et ses paramètres deviendraient :

$$a' = \infty\, a \qquad b' = \infty\, b \qquad c' = pc.$$

En adoptant, pour forme fondamentale, celle à laquelle appartient la face ABC, les paramètres a, b, c déterminent les dimensions de cette forme fondamentale ou les longueurs des axes.

D'habitude on désigne chaque axe par le paramètre qui lui correspond, en disant :

l'axe a, l'axe b, l'axe c.

D'après cela, une seule face fondamentale ne peut déterminer à la fois les trois axes qu'à la condition de les rencontrer tous les trois. Elle n'en détermine que deux si elle est parallèle au troisième, et un seul si elle est parallèle au plan des deux autres.

Cette loi nous amène naturellement à envisager le cristal comme un polyèdre, et à le rapporter à un système d'axes convenablement choisis, afin d'en pouvoir faire une étude complète et facile.

Déterminer le système d'axes qui convient à une forme cristalline donnée devient donc le premier problème qu'ait à résoudre le cristallographe.

Ce choix, en effet, ne peut être arbitraire. La loi de rationalité ne ressort clairement qu'à la condition de prendre pour axes trois arêtes du cristal, ou trois directions intimement liées à celles-là dans le cristal lui-même.

Or, si nous examinons toute une série de cristaux, nous constaterons facilement qu'ils peuvent se ranger dans quatre catégories différentes :

1° Ils n'ont aucun plan de symétrie (dans l'acception géométrique de l'expression) ;

2° Ils en ont un ;

3° Ils en ont trois ;

4° Ils en ont plus de trois.

Pour les deux dernières catégories, les trois plans de symétrie ou certains de ces plans convenablement choisis se coupent suivant trois directions rectangulaires qui constituent des axes de symétrie (1), qu'on aura évidemment tout avantage à choisir comme axes coordonnés.

---

(1) Un axe de symétrie est dit binaire, ternaire, quaternaire, etc., suivant qu'il faut faire tourner le cristal autour de cet axe, de la moitié, du tiers, du quart, etc., de la circonférence, pour passer d'un certain élément du cristal à l'élément semblable suivant.

Pour la deuxième catégorie, il est rationnel de choisir l'un des axes perpendiculairement à l'unique plan de symétrie, et les deux autres dans ce plan.

Quant à la première, pour laquelle il n'existe aucun axe de symétrie, le choix d'axes obliques parallèles à trois arêtes se coupant au même sommet, ou tout au moins de trois directions dépendantes de celles-là, s'impose, d'après la remarque que nous avons faite au sujet de la facilité d'application de la loi de rationalité.

Quoiqu'il en soit, les axes, dont on supposera toujours l'origine transportée au centre du cristal, se coupent, en partageant l'espace en huit trièdres tri-rectangles et égaux dans le cas d'axes rectangulaires, égaux quatre par quatre dans le cas d'un axe perpendiculaire au plan des deux autres, lesquels sont obliques, enfin symétriques deux par deux dans le cas de trois axes obliques quelconques.

Si les trois axes obliques forment en se coupant trois angles égaux, comme cela a lieu pour deux des sommets opposés d'un rhomboèdre, on obtient un système d'axes pouvant convenir à l'étude des formes qui rentrent dans cette catégorie, mais nous verrons plus tard qu'il est plus commode de rapporter le cristal à des axes différents.

En résumé, si nous considérons comme formes fondamentales celles des parallélipipèdes qu'il est possible de construire sur ces trois sortes d'axes, nous sommes amenés à rapporter les cristaux à six systèmes différents, caractérisés à la fois, et par les inclinaisons respectives des axes, et par leurs dimensions relatives.

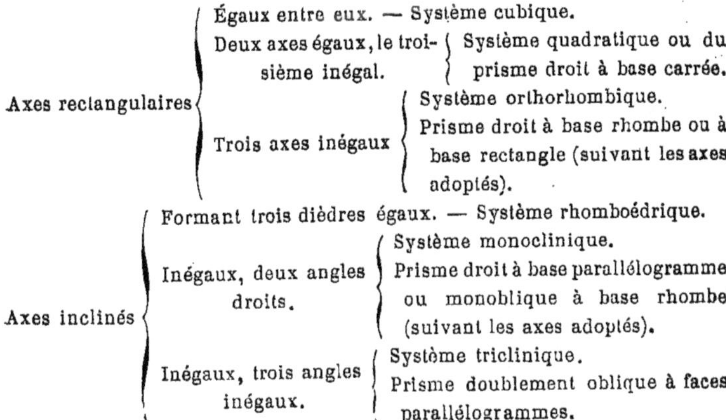

Si nous considérons l'une quelconque de ces formes fondamentales, par exemple celle du prisme triclinique et son centre O, on voit facilement qu'il est indifférent de choisir comme axes coordonnés soit les parallèles ox, oy, oz aux trois arêtes, soit les droites ox', oy', oz dont les deux premières sont contenues dans ses plans diagonaux, puisque ces directions sont dépendantes les unes des autres.

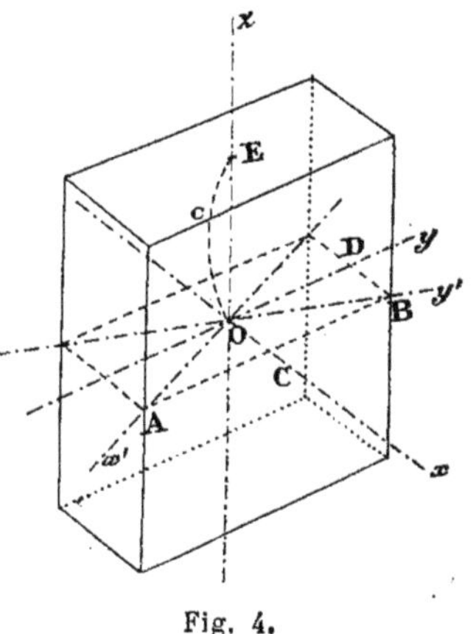

Fig. 4.

Connaissant les paramètres d'une face rapportée à l'un des systèmes d'axes, il serait facile de calculer ceux qui lui conviennent par rapport à l'autre système.

Il eût été bon, néanmoins, que tous les cristallographes s'entendissent pour adopter les mêmes axes, ce qui n'a pas eu lieu malheureusement. Nous verrons en effet, en étudiant les diverses notations proposées pour les éléments des cristaux, que certains d'entre eux ont adopté le système ox, oy, oz tandis que d'autres ont préféré le système ox, oy, oz (1).

L'inconvénient n'est évidemment que tout à fait relatif pour celui qui a l'habitude du calcul cristallographique, mais il n'en est plus de même pour les débutants, chez lesquels ces transformations fastidieuses finissent par faire perdre de vue le but principal.

Éléments semblables. — Les éléments semblables d'une forme fondamentale se définissent de la façon suivante.

Deux arêtes sont semblables lorsqu'elles ont même longueur et qu'elles correspondent à des dièdres égaux.

Deux faces sont semblables lorsqu'elles sont superposables.

Deux dièdres sont semblables lorsqu'ils sont égaux et compris entre faces égales.

Deux angles solides sont semblables lorsqu'ils sont égaux ou symétriques.

(1) Il ne faut pas confondre les axes cristallographiques avec les axes optiques d'un cristal. Au point de vue optique, les cristaux se subdivisent en trois catégories.

Ceux qui sont isotropes dans toutes les directions, ceux qui sont isotropes dans une direction unique, et enfin ceux qui le sont dans deux directions différentes.

Les premiers appartiennent au système cubique et se comportent par rapport à un rayon polarisé comme le ferait une substance non cristallisée.

Les seconds appartiennent aux systèmes quadratique et rhomboédrique et leur direction d'isotropie détermine celle de l'axe optique unique qui se confond avec l'axe oz.

Les troisièmes rentrent dans les systèmes monoclinique, triclinique et orthorhombique ; leurs deux directions d'isotropie déterminent leurs deux axes optiques, lesquels se trouvent dans le plan de symétrie des grandes diagonales pour le système orthorhombique et dans le plan de symétrie unique pour le système monoclinique.

Or, si l'on tient compte des systèmes d'axes adoptés, on voit facilement qu'on ne peut rencontrer d'éléments semblables que dans les trièdres égaux ou symétriques formés dans l'espace par les axes et leurs prolongements.

Cette remarque nous permet d'énoncer sous deux formes différentes une nouvelle loi, conforme d'ailleurs aux faits observés.

Loi de symétrie. — En vertu de la symétrie, toute face d'un cristal qui se présente d'une façon quelconque dans l'un des trièdres de l'espace, se présente également et de la même façon, soit dans le même trièdre s'il y a lieu, soit dans tous ceux des sept autres trièdres qui lui sont égaux ou symétriques.

Ou encore : toute facette qui coupe d'une certaine façon un élément quelconque de la forme fondamentale d'un cristal, se trouve reproduite symétriquement soit sur le même élément s'il y a lieu, soit sur tous les autres éléments du cristal semblables au premier.

Il s'ensuit que plus un cristal est dissymétrique et moins le nombre de facettes obéissant à la loi de symétrie est considérable ; ainsi, dans le système triclinique, où les trièdres opposés sont les seuls à être constitués par des éléments égaux, les facettes modifiantes ne peuvent exister que par groupes de deux.

Plus la symétrie augmente et plus augmente en même temps le nombre de ces facettes ; il devient maximum dans le système cubique.

Formes holoèdres. — On appelle forme holoèdre celle qui est limitée par l'ensemble de toutes les facettes répondant dans un système donné à la loi de symétrie.

Une forme holoèdre peut donc ne pas fermer complètement une portion de l'espace, puisque dans le sixième système, par exemple, un ensemble de deux faces seulement constitue une forme holoèdre.

Le même genre de forme serait constitué dans le cinquième système par quatre faces se coupant parallèlement à une même direction.

Pour ces deux systèmes, la forme choisie comme fondamentale, qu'elle soit parallélipipédique ou octaédrique, est donc composée de plusieurs formes holoèdres.

Pour les systèmes plus symétriques au contraire, et en particulier pour le système cubique, il existe des formes holoèdres composées d'un beaucoup plus grand nombre de facettes que les formes fondamentales.

Formes hémièdres. — Dans un certain nombre de cristaux naturels, on observe une dérogation à la loi de symétrie.

Elle consiste en ce que la moitié seulement des facettes modifiantes devant se produire sur les éléments semblables d'une forme fondamentale peut seule se développer. Deux cas sont à considérer :

1° Le nombre des modifications sur chaque élément semblable de la forme fondamentale est impair.

L'hémiédrie consiste alors dans la suppression de la totalité des modifications dans l'un des deux trièdres de l'espace opposés par le centre (Hémimorphisme).

2° Le nombre des modifications est pair.

L'hémiédrie peut être de même nature que la précédente, ou provenir de la suppression, sur chaque élément, de la moitié des faces modifiantes.

Dans tous les cas, la forme conservée et la forme supprimée constituent deux polyèdres, qu'on appelle polyèdres conjugués.

Lorsque, dans les deux polyèdres conjugués, les faces opposées par le centre sont parallèles deux à deux, et qu'on peut superposer les deux solides par une rotation convenable, l'hémiédrie est dite *parallèle*.

Lorsqu'au contraire les mêmes faces sont inclinées, les solides restant néanmoins superposables, l'hémiédrie est dite *inclinée*.

Enfin, lorsque les deux sortes d'hémiédrie sont réunies sur un même cristal, de façon que, quoiqu'on fasse, la superposition ne puisse avoir lieu, l'hémiédrie s'appelle *hémiédrie plagièdre*.

Dans ce cas, les deux solides conjugués sont symétriques l'un de l'autre par rapport à un plan ; autrement dit l'un est l'image virtuelle de l'autre dans un miroir plan.

Zones. — On dit que plusieurs faces d'un cristal sont en zone, lorsqu'elles se coupent deux à deux suivant des droites parallèles ; il faut donc au moins trois faces, répondant à cette condition, pour que le cristal renferme une zone.

L'axe de toute zone passe nécessairement par le centre du cristal. On verra, au chapitre *Mesure des angles dièdres des cristaux*, qu'on peut facilement reconnaître une zone à l'aide du goniomètre.

Dans tout parallélipipède il existe trois zones dont les axes sont parallèles aux arêtes du solide.

Macles. — On appelle macle une forme cristalline plus ou moins complexe, présentant souvent des angles rentrants, ce qui est l'indice que la macle ne doit pas être considérée comme un cristal unique, mais bien comme le résultat du groupement de deux ou plusieurs cristaux.

La macle n'est pourtant point un simple accident de cristallisation, elle obéit à une loi de formation déterminée.

Il existe deux espèces de macles : les macles par *juxtaposition* et les macles par *pénétration*.

Dans le premier cas, les cristaux sont soudés par deux de leurs faces conformes à la loi de rationalité.

Dans le second, leurs masses se pénètrent étroitement de façon à n'en faire qu'une seule, et il n'existe plus entre les deux cristaux de face de séparation déterminable.

CHAPITRE II

Principaux procédés de notation des éléments cristallins

Il a été proposé un très grand nombre de systèmes de notation des éléments cristallins. Les seuls que nous exposerons ici, parce qu'ils sont employés par les cristallographes français d'abord, et parce qu'ils sont les plus rationnels et les plus commodes ensuite, sont les systèmes de Miller, de Weiss et de Lévy.

Les notations de Weiss et de Miller ont ceci de commun, qu'elles sont rapportées au même système d'axes, le système ox', oy', oz, (chap. I, *fig.* 4) et que, pour définir une certaine forme dérivée, elles utilisent des caractéristiques inverses les unes des autres et par conséquent très analogues.

L'énonciation d'une face est plus commode dans le système de Weiss que dans celui de Miller, mais le premier prend une forme plus compliquée que le second quand il s'agit de représenter les résultats de certains calculs.

Lévy, lui, a adopté, on ne sait trop pourquoi, des axes différents, ceux qui constituent le système ox, oy, oz (chap. I, *fig.* 4). Les deux axes verticaux c sont donc égaux dans les deux systèmes, mais les axes horizontaux a' et b' de Lévy sont les diagonales du parallélogramme construit sur les axes a et b de Miller.

Son mode de représentation est extrêmement commode, quand on envisage toutes les facettes modifiantes comme des troncatures effectuées sur les éléments de la forme fondamentale attribuée au cristal, mais il donne moins directement que les deux autres les véritables éléments entrant dans le calcul.

En un mot, ces trois sortes de notation ont chacune leurs avantages et leurs inconvénients, comme on le comprendra mieux plus tard, après l'étude des différents systèmes cristallins.

Notation de Miller. — Elle découle immédiatement de la loi de rationalité.

Parmi toutes les faces que peut présenter un cristal donné,
Miller en choisit une comme appartenant à la forme fondamentale, la face ABC par exemple, que nous supposons rencontrer les trois axes adoptés d'après les considérations exposées au chapitre I, pour cette forme cristalline. Appelons a, b, c les paramètres de cette face, paramètres qui représentent aussi les longueurs relatives des trois axes.

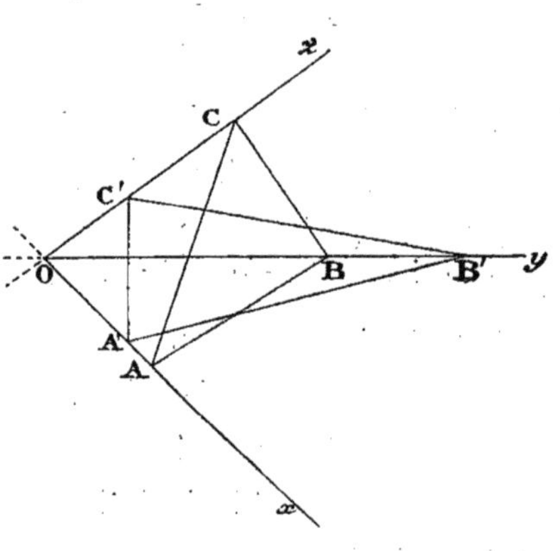

Fig. 5.

Toute autre face A'B'C' du cristal coupera les axes à des distances a', b', c', qui, en vertu de la loi de rationalité, sont liées aux premières par les relations :

$$\frac{a}{a'} = h \qquad \frac{b}{b'} = k \qquad \frac{c}{c'} = l$$

h, k, l étant des nombres rationnels.

On les appelle caractéristiques ou indices de la face A′B′C′.

Quand on les connaît ainsi que les axes, on en déduit donc immédiatement les paramètres $a'b'c'$ de la face qui se trouve ainsi complètement déterminée.

De plus, on convient de prendre comme unité de longueur chacun des trois axes a, b, c, pour mesurer les paramètres correspondants (ce qui fait qu'il existe trois unités de longueur dans le cas le plus général). La face fondamentale ABC est donc représentée par le symbole :

$$(1 \ 1 \ 1)$$

et la face dérivée A′B′C′ par le symbole :

$$\left(\frac{1}{h} \ \frac{1}{k} \ \frac{1}{l} \right)$$

ou par abréviation (h, k, l), les nombres h, k, l étant les inverses de ceux par lesquels il faut multiplier respectivement les trois axes a, b, c, pour obtenir les paramètres a', b', c'.

Enfin, comme une face du même genre peut exister dans chacun des autres trièdres formés dans l'espace par les prolongements des axes, on convient de superposer à la caractéristique le signe (—) lorsque l'axe qui lui correspond est coupé dans sa partie négative.

Ainsi, le symbole d'une facette semblablement placée, par rapport à A′B′C′, dans le trièdre opposé par le sommet au sien, sera :

$$(\overline{h}\ \overline{k}\ \overline{l})$$

Si l'on voulait représenter par un même symbole l'ensemble des 8 facettes ayant en valeur absolue les mêmes paramètres et constituant une forme octaédrique fermée, on pourrait écrire sans la moindre ambiguité :

$$\left(\frac{\pm}{h}\ \frac{\pm}{k}\ \frac{\pm}{l}\right)$$

(*qu'on énoncerait plus et moins et non plus ou moins*).

Dans le cas où la face considérée est parallèle à l'un des axes, à oz par exemple, son paramètre c' devient infini, donc en vertu de la relation :

$$c' = \frac{c}{l} \quad \text{on doit avoir } l = 0$$

Une semblable face s'écrira donc pour les axes positifs :

$$(h\ k\ 0)$$

Dans le cas, enfin, où la face devient parallèle à un plan coordonné, xoy par exemple, elle l'est aux deux axes contenus dans ce plan, et les indices qui leur correspondent sont nuls tous les deux ; on la notera donc :

$$(0\ 0\ l)$$

Si la face considérée, au lieu d'appartenir à une forme dérivée, appartient à une des formes fondamentales, les indices ou l'indice fini deviennent l'unité.

Une face quelconque de forme fondamentale ne peut donc, dans le système de Miller, renfermer d'autres indices que 1 ou 0.

Ainsi le symbole $(\overline{1}01)$ représente une face octaédrique fondamentale parallèle à l'axe oy et coupant ox à gauche et oz au-dessus du point O.

Notation de Weiss.— Les axes étant les mêmes que ceux de Miller, Weiss représente la même face dérivée A'B'C' que nous supposons d'abord rencontrer les trois axes, par le symbole :

$$ma : nb : pc$$

qu'on énonce : ma est à nb est à pc, les relations $ma = a'$, $nb = b'$, $pc = c'$ étant d'ailleurs satisfaites.

Il s'ensuit évidemment que les caractéristiques m, n, p de Weiss sont les inverses de celles de Miller.

Si la face dérivée est parallèle à l'un des axes, à oz par exemple, son symbole devient :

$$ma : nb : \propto c$$

Si elle est parallèle à l'un des plans coordonnés, au plan xoy par exemple, il sera :

$$\propto a : \propto b : pc$$

D'habitude on ramène à l'unité la caractéristique de la face qui correspond à l'axe b.

Son symbole général devient donc :

$$\frac{m}{n}\, a : b : \frac{p}{n}\, c = \frac{k}{h}\, a : b : \frac{k}{l}\, c$$

Enfin, pour distinguer les faces d'après le trièdre de l'espace qui les contient, Weiss convient d'accentuer l'axe correspondant à un paramètre négatif.

Ainsi le symbole :

$$ma' : nb' : pc$$

désigne une face inclinée sur les trois axes et coupant oz dans sa partie positive, mais ox et oy dans leur partie négative.

Toute face appartenant à la forme fondamentale est donc représentée par un symbole contenant les trois axes a, b, c avec des coefficients égaux soit à 1, soit à $\propto$, tandis qu'une face secondaire ou dérivée renferme forcément dans son symbole des indices *entiers ou fractionnaires, mais rationnels,* différents de ceux-là.

En résumé, et pour mieux faire comprendre la signification

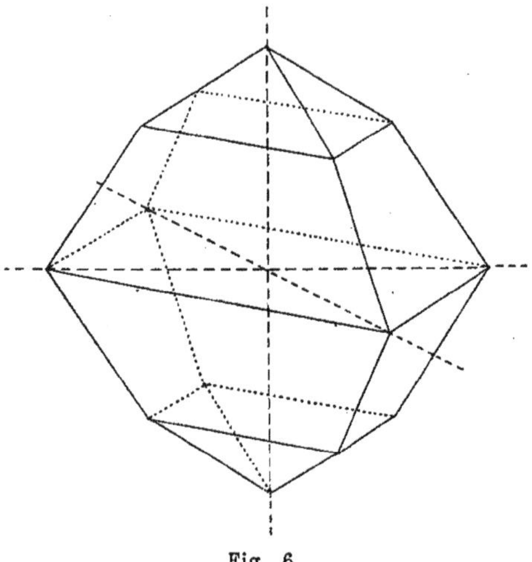

Fig. 6.

des caractéristiques de Weiss et de Miller, nous citerons le cas du soufre cristallisé naturellement. Ces cristaux affectent une forme octaédrique dérivant du système orthorhombique, mais il est rare que cette forme soit complète ; le plus souvent ils sont formés par la superposition de plusieurs octaèdres plus ou moins surbaissés, pour lesquels le rapport des axes n'est pas le même, mais satisfait à la loi de rationalité.

On peut dire, dès lors, que le symbole :

$$a : b : c$$

représente tous les cristaux possibles du soufre naturel, tandis que le symbole :

$$ma : nb : pc$$

ne représente que l'un des octaèdres particuliers de cette substance.

Notation de Lévy. — Cette notation, dont l'avantage incontestable est de représenter les formes avec une grande netteté, repose sur le principe de la dérivation rationnelle des faces, conséquence de l'architecture moléculaire de l'édifice cristallisé (voir note 1).

Lévy considère toutes les formes que peut affecter le cristal comme provenant de troncatures effectuées soit sur les angles solides, soit sur les arêtes du parallélipipède fondamental.

Pour représenter simplement ces différentes troncatures, il convient de désigner les trois sortes de faces qui peuvent exister dans ce solide, au cas le plus général, par les trois lettres :

$$p \quad m \quad t.$$

Le prisme triclinique a donc deux faces p, deux faces m et deux faces t, tandis que le cube dont toutes les faces sont semblables a six faces p.

Les angles solides différents sont désignés par les quatre voyelles *a,e,i,o*, qui suffisent dans tous les cas.

Dans le prisme triclinique, l'emploi des quatre lettres est nécessaire, puisqu'il y existe quatre sortes d'angles, tandis que la lettre *a* suffit pour les huit angles du cube qui sont tous semblables.

Enfin les arêtes sont représentées par les six consonnes *b,c,d,f.g,h*, nécessaires dans le cas le plus général du prisme triclinique qui a six sortes d'arêtes, tandis que le cube, renfermant douze arêtes toutes semblables entre elles, n'a besoin que de la lettre *b*.

Les éléments d'un solide fondamental exigent donc, pour les noter, d'autant moins de caractères différents que la symétrie du solide est plus parfaite.

Les faces secondaires ou dérivées sont notées comme nous allons maintenant l'indiquer.

Considérons par exemple le cas du prisme triclinique, et plaçons ce solide de façon qu'une des arêtes latérales soit en avant (*fig.* 7).

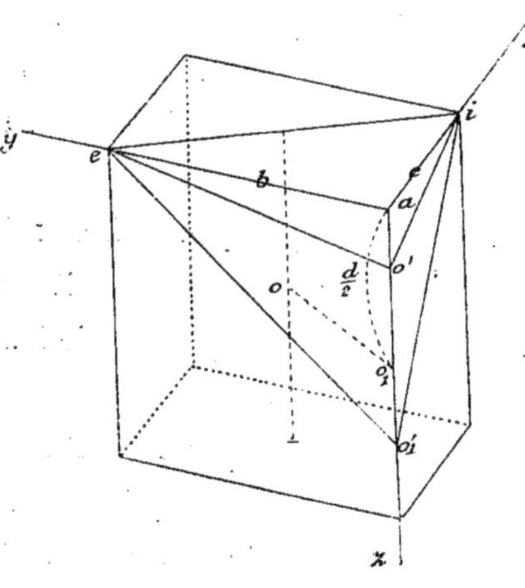

Fig. 7.

Les axes de Lévy sont dès lors constitués par les deux arêtes horizontales et la demi-arête verticale aboutissant au sommet *a*.

Comme ces arêtes sont différentes, nous les notons *b*, *c*, *d*.

Or, toutes les facettes qui constituent la forme extérieure du cristal rentrent dans l'une des trois catégories suivantes : elles coupent les trois axes, elles n'en coupent que deux, enfin elles n'en coupent qu'un seul.

Lévy envisage une facette coupant les trois axes comme une troncature produite sur l'angle solide du prisme, et une facette n'en coupant que deux, soit comme un cas particulier du précédent, soit comme une troncature effectuée sur l'arête parallèle à l'axe non rencontré.

Quant aux faces rentrant dans la troisième catégorie, il n'y a pas lieu de s'en occuper ici, puisqu'elles appartiennent aux formes fondamentales elles-mêmes.

Les troncatures d'angles peuvent être de trois sortes :

1° Elles coupent les trois axes à des distances qui leur sont proportionnelles comme la face eio_1, elles appartiennent alors à une forme fondamentale. Lévy appelle une telle face une face tangente sur l'angle a, et la note a^1 ou encore $b^1c^1d^1$, ce dernier symbole voulant dire que les trois arêtes b, c, d, sont rencontrées à des distances proportionnelles aux axes qui sont d'ailleurs pris pour unités.

On peut encore dire que les trois arêtes portent en exposants les caractéristiques de la modification.

2° Elles sont inclinées sur l'un des axes seulement, l'axe ox par exemple.

Les deux faces eio' et eio_1' répondent à ce cas ; pour la première, le paramètre vertical est plus petit que l'axe correspondant : il est plus grand pour la seconde.

Elles seront notées a^z, z étant, suivant le cas, le rapport, plus petit ou plus grand que 1, entre l'axe vertical du cristal et le paramètre correspondant de la facette.

Elles seraient encore parfaitement déterminées par le symbole

$$b^1 \; c^1 \; d^{\frac{1}{2}}.$$

3° Elles sont inclinées sur les trois axes à la fois.

Soit donc une facette interceptant sur les axes de Lévy les trois paramètres x, y et z.

On emploiera uniquement dans ce cas la notation à trois caractères qui évite toute ambiguité :

$$b^y \quad c^x \quad d^z.$$

Si l'on a par exemple $x = \frac{1}{3}$, $y = \frac{1}{4}$, $z = \frac{1}{2}$, le symbole deviendra : $b^{\frac{1}{4}}$, $c^{\frac{1}{3}}$, $d^{\frac{1}{2}}$.

Les troncatures d'arêtes sont elles-mêmes de deux sortes.

1° Elles coupent les deux autres arêtes à des distances proportionnelles aux axes qu'elles déterminent.

Lévy les appelle alors *modifications tangentes* sur l'arête, et si nous considérons en particulier l'arête c, les représente par l'un ou l'autre des symboles :

$$c^1 \qquad \text{et} \qquad b^1 c^{\frac{1}{0}} d^1.$$

Ce dernier symbole permet d'envisager aussi la modification comme une troncature de l'angle a dont l'un des paramètres serait infini.

2° Elles coupent les deux autres arêtes à des distances quelconques.

On les appelle alors modifications inclinées sur l'arête c, et elles se notent (1) :

$$c^x$$

l'exposant x exprimant le rapport plus grand, plus petit ou égal à 1, entre le paramètre horizontal et le paramètre vertical.

Ou encore :

$$b^y \; c^{\frac{1}{0}} \; d^z.$$

Dans les systèmes plus symétriques que le système triclinique, les notations se simplifient évidemment et elle deviennent particulièrement commodes dans les systèmes *rhomboédrique* et *cubique*, qui présentent un grand nombre de formes différentes.

REMARQUE. — Les différentes notations que nous venons de passer en revue se rapportent toutes aux formes holoèdres.

Pour représenter les formes hémièdres, Miller a adopté les deux lettres grecques π et $\varkappa$.

La première désigne les formes de l'hémiédrie parallèle, la seconde les formes de l'hémiédrie inclinée :

$$\pi\,(hkl) \qquad\qquad \varkappa(hkl).$$

Enfin une forme renfermant les deux sortes d'hémiédrie, c'est-à-dire une forme plagièdre, serait représentée par le symbole :

$$\pi\varkappa\,(hKl)$$

Lévy, lui, représente les différentes sortes d'hémiédrie par le coefficient $\frac{1}{2}$ placé devant le symbole convenant à la forme holoèdre correspondante.

---

(1) Il peut y avoir ambiguité lorsque la modification se produit sur une arête verticale b par exemple, le symbole b^x n'indique pas en effet le sens de l'inclinaison de la facette. On convient alors de placer l'exposant x à droite de la lettre b lorsque la facette s'incline vers la face droite, et à gauche ($^x b$) lorsqu'elle s'incline vers la face gauche.

CHAPITRE III

Mesure des angles. — Goniomètres

Le calcul cristallographique reposant tout entier sur la connaissance des angles dièdres des cristaux, il est indispensable de pouvoir les mesurer avec une approximation suffisante.

La chose n'est pas toujours facile.

Le plus souvent les cristaux sont ternes, striés, déformés, de sorte que, pour obtenir des résultats acceptables, on est obligé d'avoir recours à des mesures répétées sur plusieurs échantillons de la même espèce, mesures dont on prend la moyenne.

Goniomètre de Haüy.— C'est le premier en date parmi les appareils un peu précis qui permettent ce genre de détermination. Il est formé de deux branches à coulisse, analogues à celles d'un compas de proportion, et pouvant comme elles tourner autour d'un bouton muni d'une vis de pression.

On applique les deux branches, après leur avoir donné une

longueur convenable, aussi parfaitement que possible sur les deux faces de l'angle à mesurer, en les maintenant bien perpendiculairement à l'arête, puis on porte le compas sur un rapporteur qui permet une lecture au demi-degré.

Bien qu'assez primitif, ce goniomètre d'application trouve encore son utilité lorsqu'on a affaire à des cristaux dont les faces ne sont pas assez réfléchissantes pour que les goniomètres à réflexion, beaucoup plus précis, puissent être employés.

Goniomètre à réflexion de Babinet. — S'il est un peu encombrant, il offre en revanche l'avantage de permettre la mesure des indices de réfraction des cristaux suffisamment transparents. Comme son principe est le même que celui du goniomètre de Wollaston et qu'il est décrit dans tous les traités de physique, nous nous bornons à le citer pour mémoire.

Goniomètre de Wollaston. — C'est le plus employé des goniomètres à réflexion, et il ne diffère essentiellement de celui de Babinet que par l'absence de lunettes et par la disposition verticale du cercle gradué servant à effectuer les mesures.

L'appareil est supporté par un pied muni de vis calantes qui permettent de rendre le plan du cercle A bien vertical.

Ce cercle peut tourner rapidement sous l'influence du bouton M, et lentement sous celle de la vis de rappel V, en face d'un vernier immobile E.

Une tige axiale CD, portant à gauche le support du cristal C et à droite une tête molletée D, peut tourner avec le cercle A ou indépendamment de lui, suivant qu'une vis de pression V' est serrée ou desserrée.

Le support C est composé d'une petite plate-forme destinée
à maintenir le cristal par l'intermédiaire d'un tampon de cire
molle, et de deux pièces articulées à la façon d'une suspension

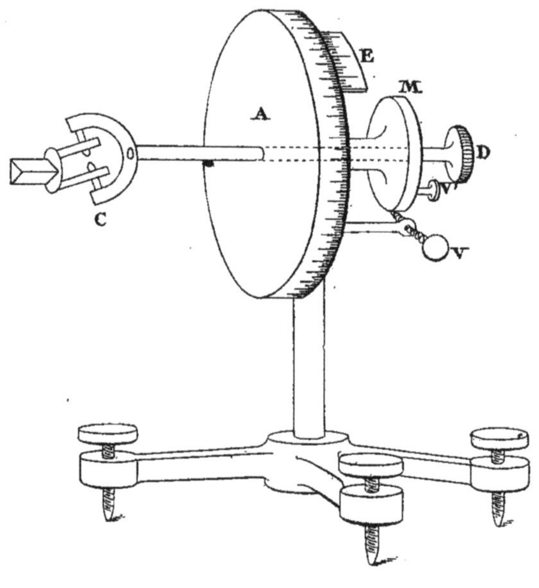

Fig. x.

Cardan, qui permettent d'amener simultanément l'arête du
cristal à être horizontale et suivant le prolongement de l'axe
de rotation.

Théorie. — L'angle FAF′ représentant l'angle à mesurer,
dont l'arête est horizontale, on choisit ou l'on dispose un
point lumineux P (l'arête du toit d'une maison vue par la
fenêtre, ou la flamme d'une bougie dans la salle même, si l'on
ne peut opérer autrement) à une distance d'au moins 7 ou
8 mètres et à une hauteur suffisante au-dessus du cristal.

L'œil situé en O peut donc apercevoir, simultanément et en

coïncidence, l'image réfléchie de P et un point de repère R
(bord d'une fenêtre par exemple, ou signal tracé sur la muraille, si l'on opère
dans une salle fer-
mée) situé au-des-
sous de P.

Pour amener l'au-
tre face AF″ dans
une position identi-
que, il suffit de faire
tourner le cristal
jusqu'à ce que l'œil
aperçoive de nou-

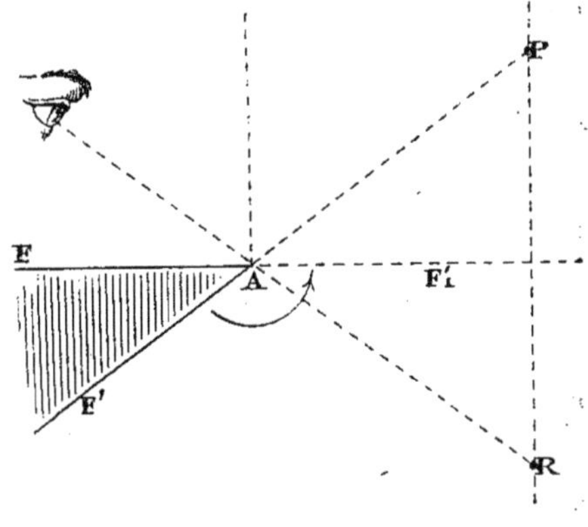

Fig. y.

veau, en coïncidence, l'image du point P fournie par cette
face et le point de repère R.

Or la figure montre que, pour passer de la première position
à la seconde, le cristal a dû tourner d'un angle F′AF₁′
supplémentaire du dièdre à mesurer.

Manuel opératoire. — Supposons, pour fixer les idées,
qu'on opère dans une salle fermée, à l'aide de la flamme d'une
bougie.

On place le goniomètre sur une table, aussi loin que possible
de la muraille sur laquelle, vers le haut, on fixe la bougie, et
vers le bas on trace une croix noire destinée à servir de
repère.

Avec un niveau à bulle d'air on rend le pied de l'instrument
bien vertical et on le fait tourner jusqu'à ce que le plan du
cercle passe par la verticale PR.

On fixe le cristal sur son support et autant que possible

dans la direction convenable, puis, par la manœuvre des articulations, on rectifie cette position jusqu'à ce que, pour les deux faces qui comprennent l'angle à mesurer, la coïncidence des images et du repère se produise par une simple rotation effectuée à l'aide du bouton D.

Les tâtonnements peuvent être assez longs lorsqu'on n'a pas une habitude suffisante de ce genre de mesures.

On amène alors, d'abord à la main, ensuite avec la vis de rappel V, le zéro du cercle A à coïncider avec celui du vernier E; puis, la vis de pression V' étant serrée pour que la rotation de l'axe ait lieu avec celle du plateau A, on le fait tourner jusqu'à ce que la coïncidence de l'image fournie par la seconde face et du repère se produise. L'angle dont a tourné le plateau donne par une simple lecture le supplément de l'angle cherché.

Détermination des zones. — Le plus souvent, l'œil est tout à fait impuissant à reconnaître immédiatement les faces qui forment zone sur un cristal donné. Avec le goniomètre, au contraire, cette détermination se fait avec la plus grande facilité.

Il est évident, en effet, qu'une arête rangée dans le prolongement de l'axe de rotation de l'appareil donne la direction de l'axe de la zone à laquelle ces faces peuvent se rapporter. Un tour complet du plateau fournira donc autant de coïncidences entre des images réfléchies et le repère qu'il existe de faces dans cette zone.

CHAPITRE IV

Système cubique

. Dans ce système, qu'on appelle encore système *octaédrique* et système *régulier*, on peut prendre pour point de départ le cube, l'octaèdre ou le dodécaèdre rhomboïdal, qui ont les mêmes dimensions relatives.

Il est plus commode d'adopter le cube, c'est-à-dire un solide cristallographiquement constitué par huit faces, douze arêtes et huit angles solides, respectivement semblables entre eux.

Dans la notation de Lévy les éléments du cube seront donc représentés comme l'indique la figure 8.

Le cube renferme deux systèmes de plans de symétrie.

1° Trois plans passant par son centre et respectivement parallèles aux trois couples de faces opposées;

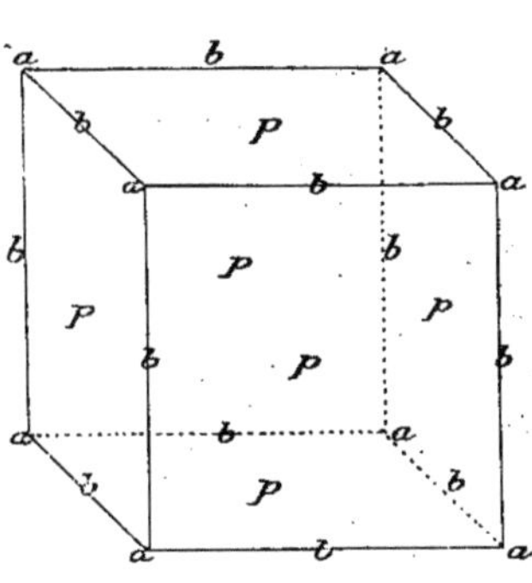

Fig. 8.

2° Six plans passant également par le centre et par les arêtes opposées, et qui sont en réalité les plans diagonaux du solide.

Les trois premiers se coupent suivant trois axes de symétrie rectangulaires, qui joignent deux à deux les centres des faces opposées. Il est facile de constater que ces axes sont quaternaires (*fig*.9).

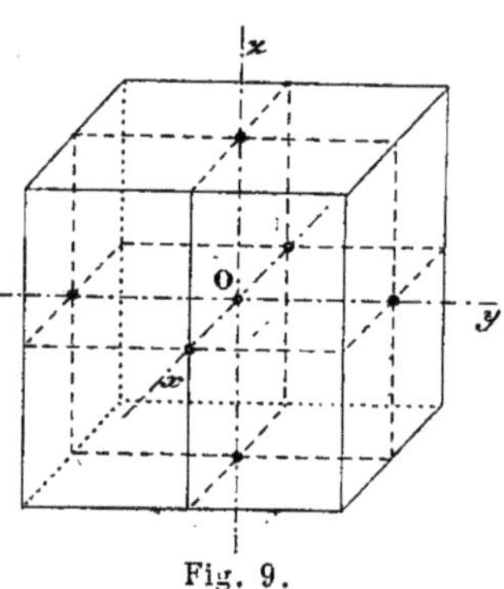

Fig. 9.

Les six autres plans, par leurs intersections mutuelles, régénèrent le premier système d'axes, si l'on considère deux à deux ceux qui passent par les diagonales de deux faces opposées, et un second système de quatre nouveaux axes de symétrie joignant deux à deux les sommets opposés, si l'on considère les intersections mutuelles de ceux qui passent par les diagonales partant d'un même sommet dans deux faces adjacentes (*fig*. 10).

Ces quatre axes sont des axes de symétrie ternaire.

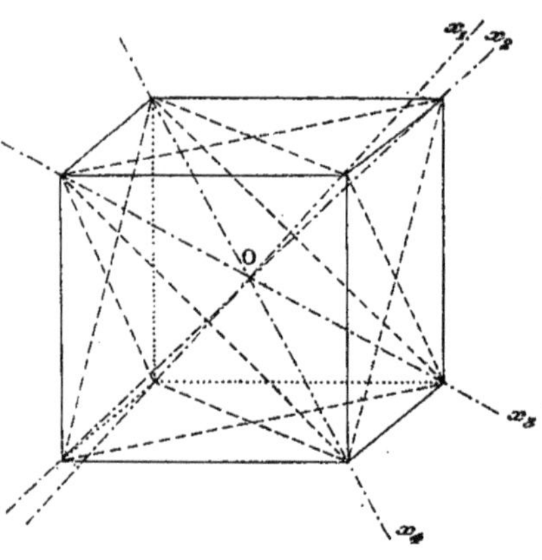

Fig. 10.

Enfin, si l'on envisage simultanément les deux systèmes de plans de symétrie, on peut se rendre compte qu'ils se coupent

mutuellement suivant six nouveaux axes de symétrie joignant
deux à deux les milieux des arêtes opposées et qui sont des
axes de symétrie binaire (*fig.* 11).

Il est préférable d'adopter le premier système comme
système d'axes coordonnés;
afin d'y rapporter le solide,
puisque c'est autour de chacun de ces axes que la symétrie est la plus parfaite.

En réalité, ces axes ne correspondent point à ceux de
Miller et de Weiss qui seraient
les axes oz, ox', oy' (*fig.* 12),
c'est-à-dire un axe vertical

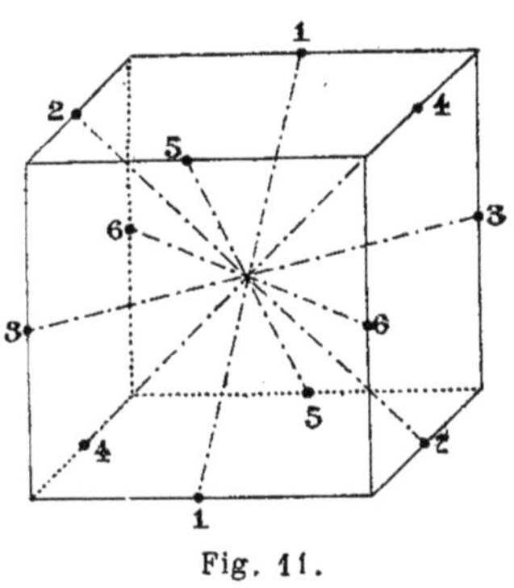

Fig. 11.

quaternaire et deux axes horizontaux binaires ; mais, pour le
cas particulier du système cubique, il est plus commode de
rejeter un système d'axes composite au point de vue de la
symétrie.

Rappelons-nous d'abord
qu'un même système ren-
ferme deux sortes de for-
mes, les formes simples
et les formes composées.

Les formes simples se
subdivisent elles-mêmes
en formes fondamentales
ou primitives et en formes
secondaires ou dérivées.

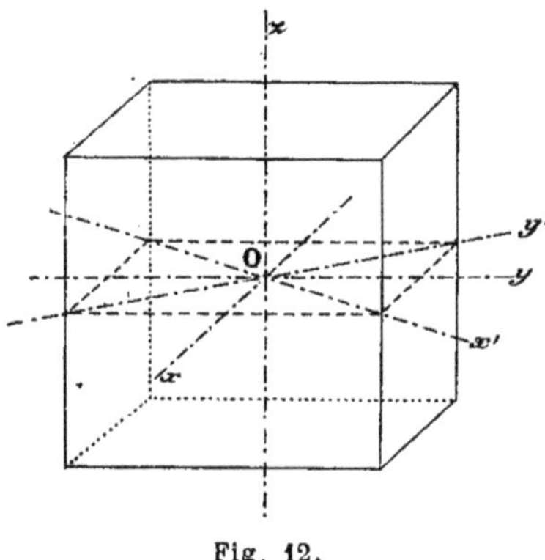

Fig. 12.

Les formes composées n'étant que la réunion sur un même
cristal de deux ou plusieurs formes fondamentales ou déri-

vées, il s'ensuit qu'il suffit de rechercher uniquement les formes simples fondamentales et dérivées possibles pour le système considéré.

FORMES FONDAMENTALES

Cube.

$$\text{Miller} \ldots \ldots \ldots \ldots (100)$$
$$\text{Weiss} \ldots \ldots \ldots \ldots a : \infty a : \infty a$$
$$\text{Lévy} \ldots \ldots \ldots \ldots p$$

Octaèdre. — L'octaèdre dérive du cube par des modifications tangentes sur les huit angles solides semblables du

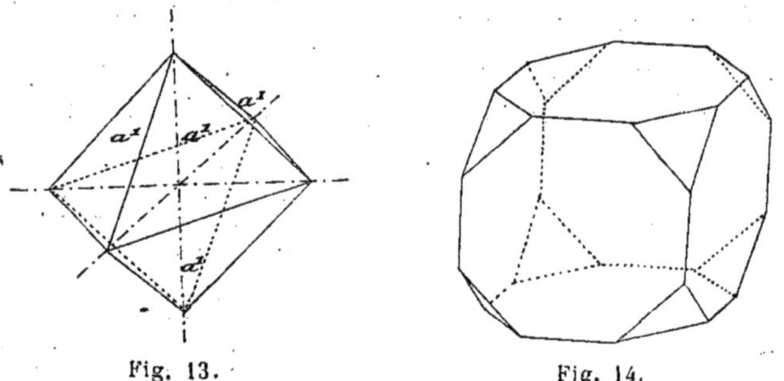

Fig. 13. Fig. 14.

cube (loi de symétrie). La forme est simple lorsque les facettes sont suffisamment développées pour faire disparaître entièrement les faces du cube (*fig.* 13); elle est composée dans le cas contraire (*fig.* 14).

$$\text{Miller} \ldots \ldots \ldots \ldots (111)$$
$$\text{Weiss} \ldots \ldots \ldots \ldots a : a : a$$
$$\text{Lévy} \ldots \ldots \ldots \ldots a^1$$

Dodécaèdre rhomboïdal. — Ce solide à douze faces rhombes provient de modifications tangentes sur les douze arêtes semblables du cube, lorsqu'elles sont assez voisines du centre pour détruire ses faces (*fig.* 15).

Dans le cas contraire,

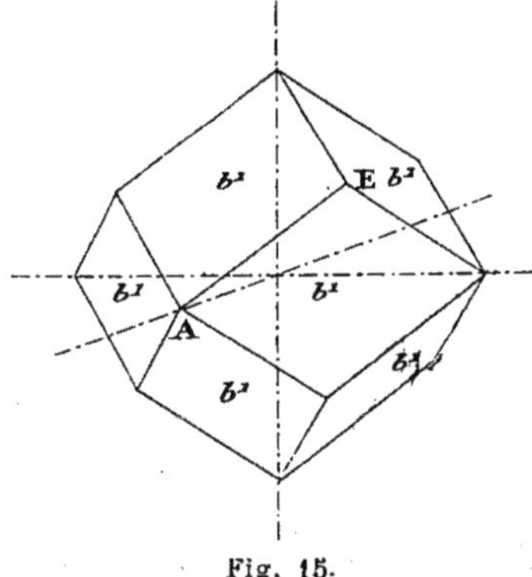

Fig. 15.

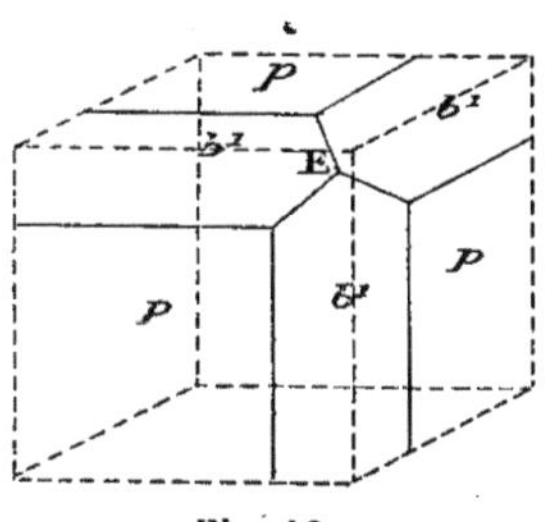

Fig. 16.

on obtient une forme composée, le cube passage au dodécaèdre (*fig.* 16).

$$\text{Miller.} \ldots \ldots \ldots \ldots (110)$$
$$\text{Weiss.} \ldots \ldots \ldots \ldots a : a : \infty\, a$$
$$\text{Lévy.} \ldots \ldots \ldots \ldots b^1$$

FORMES DÉRIVÉES

Hexatétraèdre. — La modification sur l'arête peut être inclinée, c'est-à-dire peut rencontrer les deux axes qui ne lui sont pas parallèles à des distances inégales. Dans ce cas, la loi de symétrie exige qu'il se développe deux facettes symétriques l'une de l'autre par rapport à chaque arête. Si ces facettes sont suffisamment développées, elles engendrent, par leurs intersections mutuelles, une forme simple dérivée qui

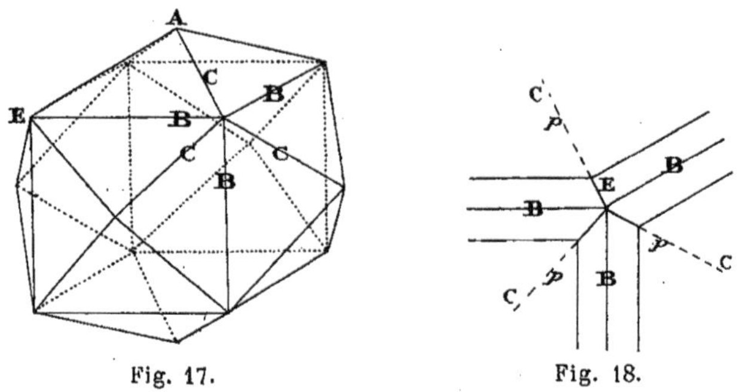

Fig. 17.   Fig. 18.

est l'*hexatétraèdre* ou *cube pyramidé* (*fig.* 17), sinon elles forment avec les faces du cube un solide composé (*fig.* 18).

Miller . . . . . $(h\ k\ 0)$

Weiss. . . . . $\dfrac{1}{h}\,a : \dfrac{1}{k}\,a : \dfrac{1}{0}\,a = a : \dfrac{h}{k}\,a : \infty\, a$

Lévy . . . . . $b^{\frac{h}{k}}$

On pourrait considérer la modification de l'arête comme un cas particulier de la modification de l'angle solide dans lequel l'un des paramètres devient infini. Envisagé à ce point de vue, le solide serait encore très clairement désigné dans la notation de Lévy par le symbole :

$$b^{\frac{1}{h}} : b^{\frac{1}{k}} : b^{\frac{1}{0}}$$

La modification sur l'angle peut être inclinée sur l'un des axes seulement, c'est-à-dire peut rencontrer deux axes à des distances égales et le troisième à une distance inégale.

Ce cas se subdivise en deux autres, suivant que cette troisième distance est plus grande ou plus petite que les deux autres, la forme du solide simple dérivé n'étant pas en effet la même.

1° Elle est plus grande.

Appelons h la caractéristique commune aux deux petits paramètres et k celle du grand ; nous avons évidemment $h > k$. Le solide correspondant est le trioctaèdre.

Trioctaèdre. — C'est un polyèdre à vingt-quatre faces isocèles, puisqu'en vertu de la symétrie, trois modifications

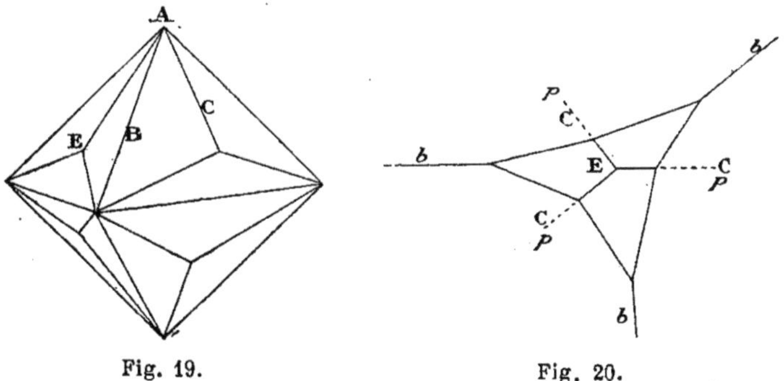

Fig. 19.   Fig. 20.

semblables doivent se produire simultanément sur les trois arêtes aboutissant à chacun des huit angles du cube (*fig.* 19) :

Miller . . . . . $(h\,h\,k)$

Weiss . . . . . $\dfrac{1}{h}\,a : \dfrac{1}{h}\,a : \dfrac{1}{k}\,a = a : a : \dfrac{h}{k}\,a$

Lévy . . . . . . $a^{\frac{k}{h}}$ ou $b^{\frac{1}{h}} : b^{\frac{1}{h}} : b^{\frac{1}{k}}$

2° Elle est plus grande.

On a alors : $h < k$ et le solide correspondant est l'icositétraèdre.

Icositétraèdre. — Ce polyèdre, qu'on appelle encore souvent trapézoèdre, est aussi un solide à vingt-quatre faces, mais qui se présentent sous forme de quadrilatères dont les côtés adjacents sont égaux deux à deux (*fig.* 21).

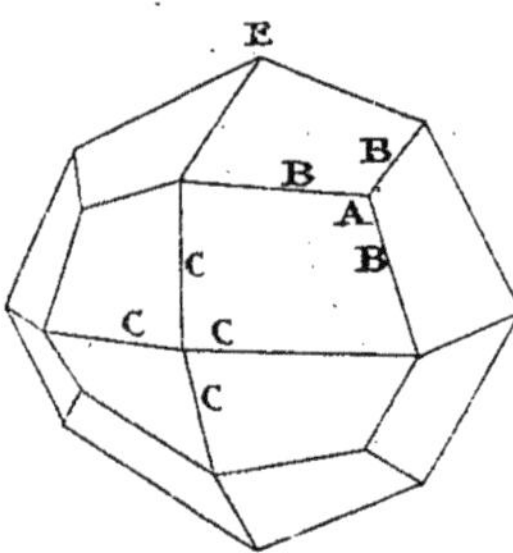

Fig. 21.

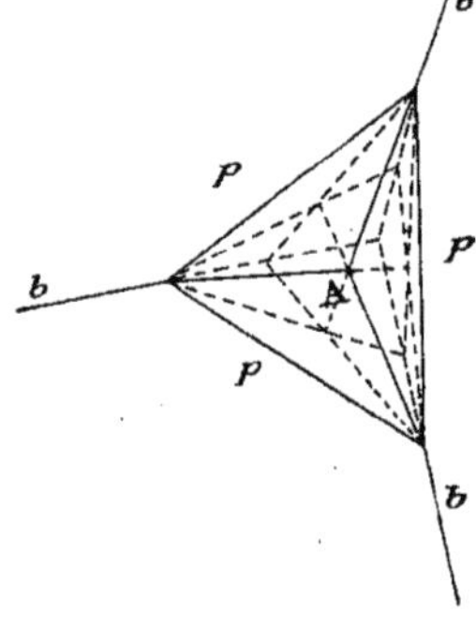

Fig. 22.

Les notations sont les mêmes que celles du trioctaèdre.

Hexoctaèdre. — Enfin la modification sur l'angle peut être inégalement inclinée sur les trois axes. Elle intercepte donc dans ce cas trois paramètres différents :

$$a' = ha \quad b' = ka \quad a' = la$$

et, toujours en vertu de la symétrie, six facettes différentes, symétriques deux à deux par rapport à chaque arête, doivent simultanément se produire sur chacun des huit angles solides du cube.

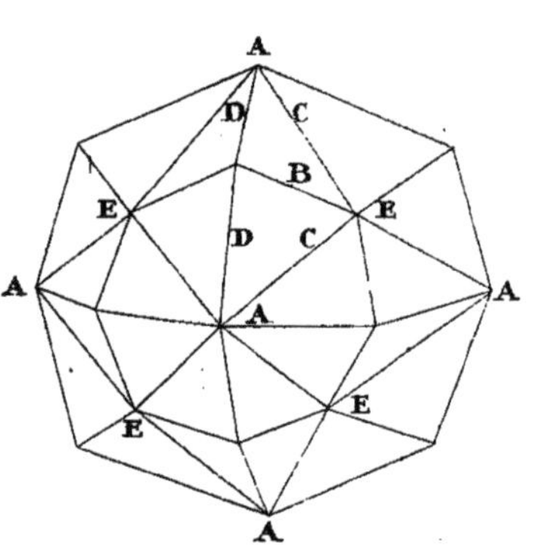

Fig. 23.

Ces facettes, suffisamment prolongées pour masquer la forme du cube, engendrent un polyèdre à 48 faces, l'hexoctaèdre (*fig.* 23) :

$$\text{Miller} \quad . \quad . \quad . \quad . \quad (h\,k\,l)$$

$$h < \mathrm{K} < l \quad \text{Weiss} . \quad . \quad . \quad . \quad \frac{1}{h}\,a : \frac{1}{k}\,a : \frac{1}{l}\,a = a : \frac{h}{k}\,a : \frac{h}{l}\,a$$

$$\text{Lévy} . \quad . \quad . \quad . \quad . \quad b^{\frac{1}{h}} : b^{\frac{1}{k}} : b^{\frac{1}{l}}$$

Nous avons supposé jusqu'ici que toutes les faces conformes à la loi de symétrie se développaient simultanément sur tous les éléments semblables du solide fondamental, et nous avons trouvé, par conséquent, les formes holoèdres simples possibles dans le système cubique.

Mais nous savons qu'une moitié seulement des modifications peut se produire pour engendrer une forme hémièdre.

Le système cubique présente plusieurs cas d'hémiédrie très remarquables, dont nous allons maintenant nous occuper.

Formes hémièdres. — Hémicuboctaèdre. — Ce solide, qu'on appelle encore dodécaèdre pentagonal, provient du cube pyramidé par le développement de l'une seulement des faces inclinées sur l'arête du cube ; c'est un polyèdre à douze faces pentagonales.

Le solide formé par les faces supprimées, et qui est son dodécaèdre conjugué, lui est superposable par une rotation convenable. Comme dans chacun de

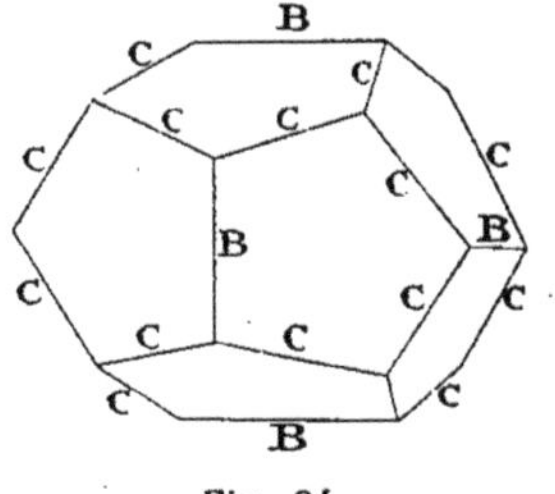

Fig. 24.

ces deux solides ce sont les faces opposées par le centre et parallèles entre elles que l'hémiédrie a conservées, nous avons affaire ici à un cas d'*hémiédrie parallèle*.

$$\text{Symboles} \begin{cases} \text{Miller.} \ldots \ldots \ldots \ldots \ldots \pi\ (h\ k\ 0) \\ \text{Lévy.} \ldots \ldots \ldots \ldots \ldots \frac{1}{2}\ b^{\frac{h}{k}} \end{cases}$$

Tétraèdre. — Ce polyèdre, qu'on appelle aussi *hémioctaèdre*, provient de la suppression de l'une des deux facettes opposées par le centre et tangentes sur les huit angles solides du cube. Encore ici, il existe un second tétraèdre inverse du premier et formé par les faces supprimées.

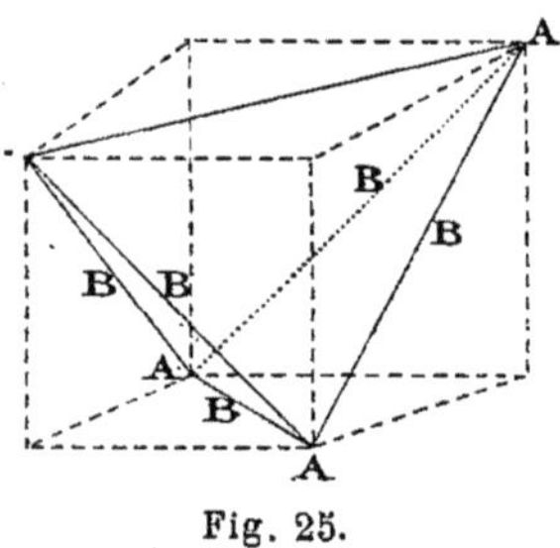
Fig. 25.

Puisque dans ces deux solides toutes les faces sont inclinées les unes sur les autres, les tétraèdres rentrent dans la catégorie des formes hémièdres inclinées (*fig.* 25).

$$\text{Symboles} \begin{cases} \text{Miller.} \ldots \ldots \ldots \ldots \ldots \times\ (111) \\ \text{Lévy.} \ldots \ldots \ldots \ldots \ldots \frac{1}{2}\ a^{1} \end{cases}$$

Hémitrioctaèdre. — C'est un solide à douze faces, provenant du trioctaèdre par le non-développement de l'un des groupes de trois facettes existant aux extrémités d'une même diagonale (*fig.* 26).

Un second hémitrioctaèdre, in-

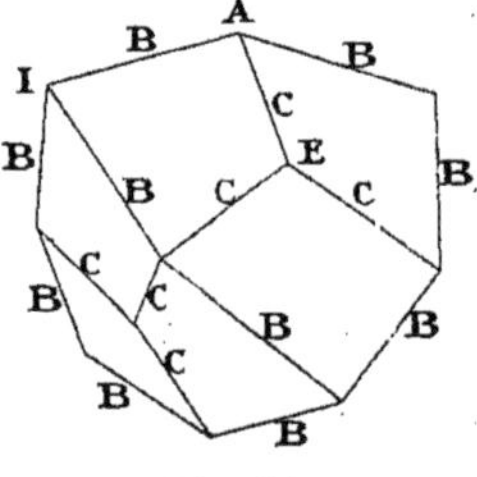
Fig. 26.

verse ou conjugué du premier, se forme par le développement des faces supprimées dans le premier et lui est superposable par une rotation de 90°.

Ces deux solides offrent encore des cas d'hémiédrie à faces inclinées.

$$\text{Symboles} \begin{cases} \text{Miller.} \ldots \ldots \ldots & \varkappa\,(h\ h\ k) \\ \text{Lévy.} \ldots \ldots \ldots & \frac{1}{2}\,a^{\frac{k}{h}} \end{cases} \Bigg\} \ h > k$$

Hémi-icositétraèdre. — C'est aussi un polyèdre à douze faces et dérivant de l'icositétraèdre comme le précédent dérive du trioctaèdre (*fig.* 27).

Il en existe toujours deux, conjugués l'un de l'autre, et constituant des solides hémièdres à faces inclinées.

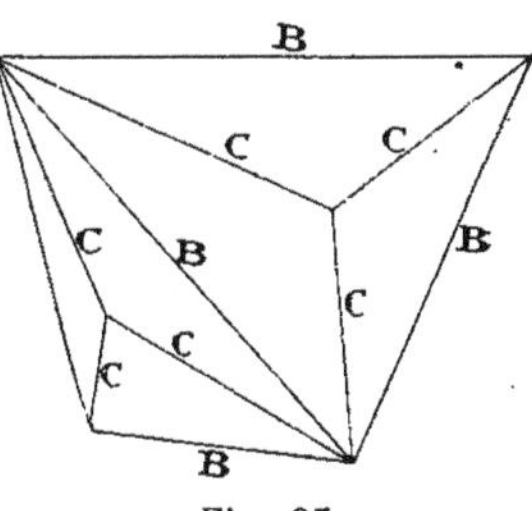

Fig. 27.

$$\text{Symboles} \begin{cases} \text{Miller.} \ldots \ldots \ldots & \varkappa\,(h\ h\ k) \\ \text{Lévy.} \ldots \ldots \ldots & \frac{1}{2}\,a^{\frac{k}{h}} \end{cases} \Bigg\} \ h < k$$

Hémihexoctaèdres. — L'hexoctaèdre étant formé par un nombre pair (6) de modifications sur chaque angle du cube, il s'ensuit que les deux sortes d'hémiédrie sont possibles pour ce solide.

Lorsque trois sur six des facettes existant sur chaque angle ne se développent point, on obtient un polyèdre à vingt-quatre faces parallèles trois par trois à celles qui leur sont opposées par le centre, et qui est un solide hémièdre à faces parallèles (*fig.* 28).

$$\text{Symboles} \begin{cases} \text{Miller.} \ldots \ldots \ldots \ldots \quad \pi\,(h\,k\,l) \\ \text{Lévy} \ldots \ldots \ldots \ldots \quad \tfrac{1}{2}\,b^{\frac{1}{h}}\,b^{\frac{1}{k}}\,b^{\frac{1}{l}} \end{cases}$$

Lorsque l'un des deux groupes de six facettes opposées par le centre disparaît entièrement, on obtient un nouveau solide à

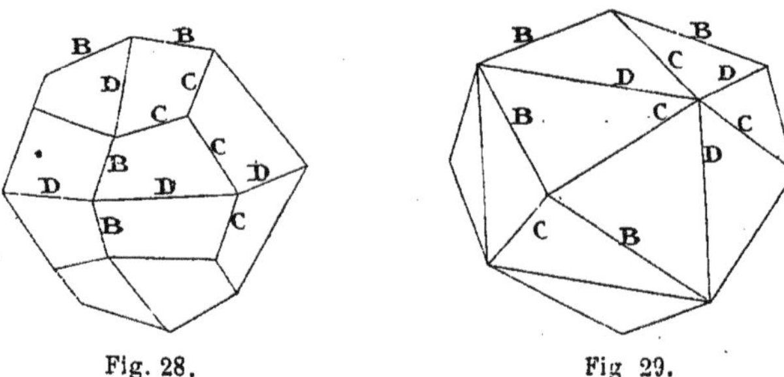

Fig. 28.   Fig 29.

vingt-quatre faces qui, avec son conjugué, rentre dans le cas de l'hémiédrie à faces inclinées (*fig.* 29).

$$\text{Symboles} \begin{cases} \text{Miller.} \ldots \ldots \ldots \ldots \quad \varkappa\,(h\,k\,l) \\ \text{Lévy} \ldots \ldots \ldots \ldots \quad \tfrac{1}{2}\,b^{\frac{1}{h}}\,b^{\frac{1}{k}}\,b^{\frac{1}{l}} \end{cases}$$

CHAPITRE V

Système quadratique .

On l'appelle encore système du prisme droit à base carrée,
ce solide étant choisi comme forme fondamentale.

On y rencontre deux sortes de plans de symétrie :

1° Trois plans rectangu-
laires entre eux et menés
par le centre du prisme
parallèlement à chaque
couple de faces opposées.

Ces plans se coupent
suivant trois axes égale-
ment rectangulaires ox,
oy, oz.

2° Les plans diagonaux
verticaux qui se coupent

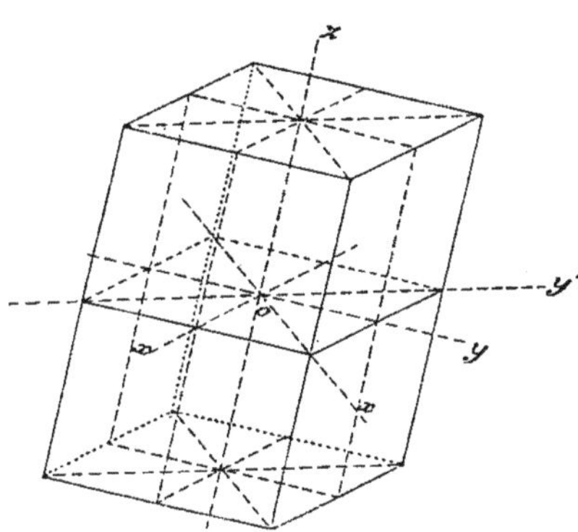

Fig. 30.

suivant l'axe de symétrie oz déjà trouvé.

En considérant simultanément ces deux systèmes de plans
de symétrie, on obtient par leurs intersections mutuelles un
nouveau système d'axes rectangulaires, $oz\ ox'\ oy'$, qui sont
précisément les axes coordonnés de Weiss et de Miller, auxquels

nous allons rapporter les différentes formes fondamentales et dérivées du système.

Le prisme fondamental est donc caractérisé par deux axes horizontaux égaux a et par un axe vertical différent c.

FORMES FONDAMENTALES

Prisme primitif droit ou protoprisme. — Il est constitué par huit angles solides semblables a, deux bases p,

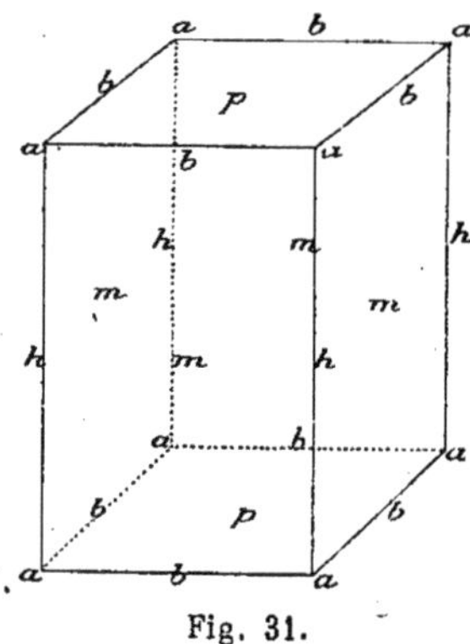

Fig. 31.

quatre pans m, quatre arêtes verticales h et huit arêtes horizontales b.

$$\text{Symboles} \begin{cases} \text{Miller.} \ldots \ldots \ldots & (110) \\ \text{Weiss.} \ldots \ldots \ldots & a : a : \infty\, c \\ \text{Lévy} \ldots \ldots \ldots & m \end{cases}$$

Second prisme ou prisme oblique. — Une modification tangente sur l'une des arêtes verticales h en entraîne, par raison de symétrie, une autre sur les trois qui lui sont semblables, et l'on obtient un second prisme à base carrée si les modifications sont suffisamment développées ; sinon il y

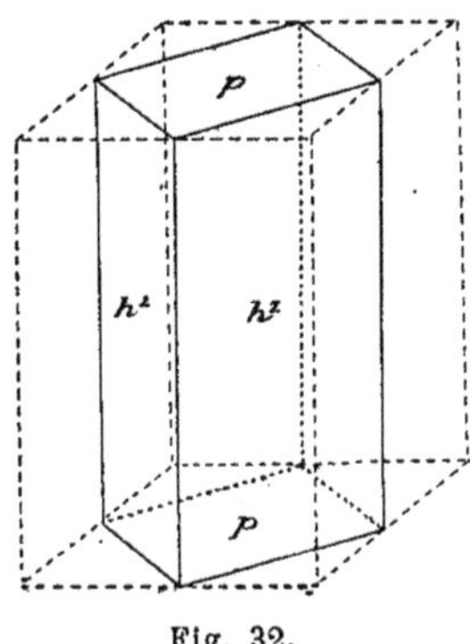

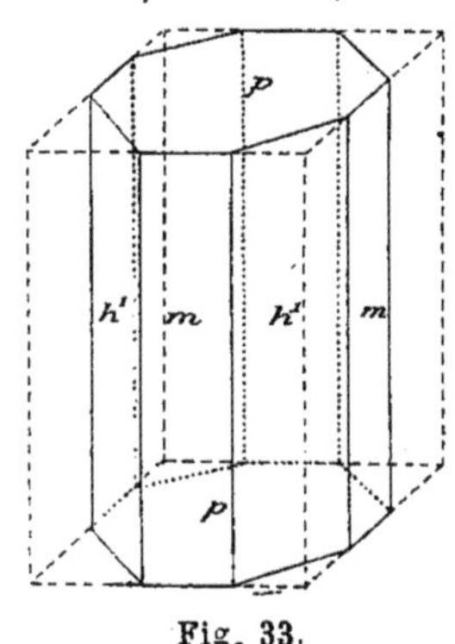

Fig. 32.　　　　　　　Fig. 33.

a superposition des nouvelles faces aux anciennes et l'ensemble constitue un prisme octogonal complexe.

$$\text{Symboles}\begin{cases} \text{Miller.} \ldots \ldots , . & (100) \\ \text{Weiss.} \ldots \ldots \ldots & a : \infty a : \infty c \\ \text{Lévy} \ldots \ldots \ldots & h^1 \end{cases}$$

Octaèdre droit. — Une modification tangente sur l'une

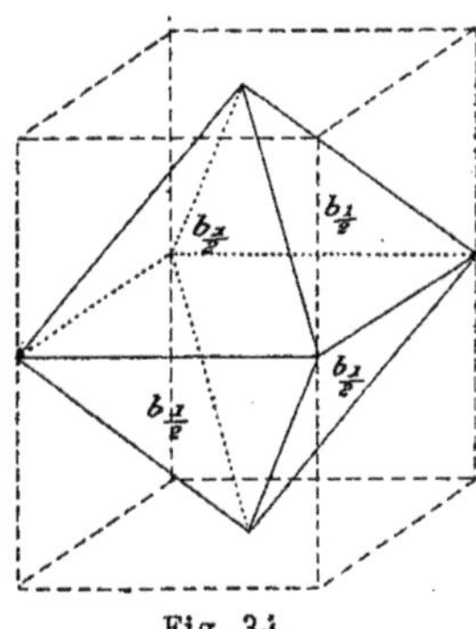

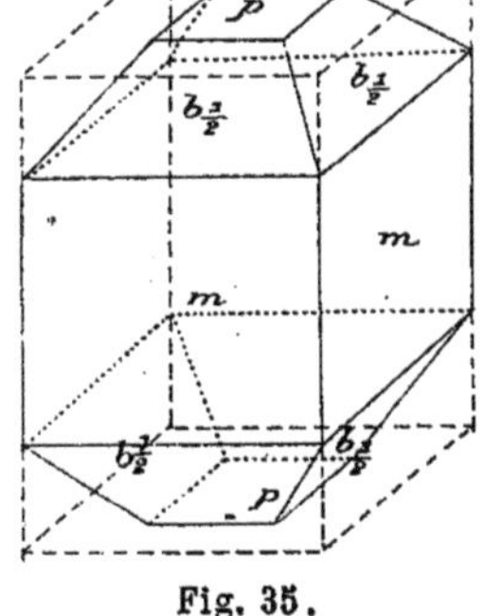

Fig. 34.　　　　　　　Fig. 35.

des arêtes horizontales b en détermine également une sur ses sept similaires. Si le parallélipipède disparaît complètement, on obtient une nouvelle forme simple fondamentale, l'octaèdre droit, sinon on a une forme complexe, le prisme passage à l'octaèdre.

$$\text{Symboles} \begin{cases} \text{Miller.} \dots \dots \dots (111) \\ \text{Weiss.} \dots \dots \dots a : a : c \\ \text{Lévy} \dots \dots \dots b^{\frac{1}{2}} \end{cases}$$

Octaèdre oblique. — Des modifications tangentes sur les huit angles solides a engendrent par leurs intersections

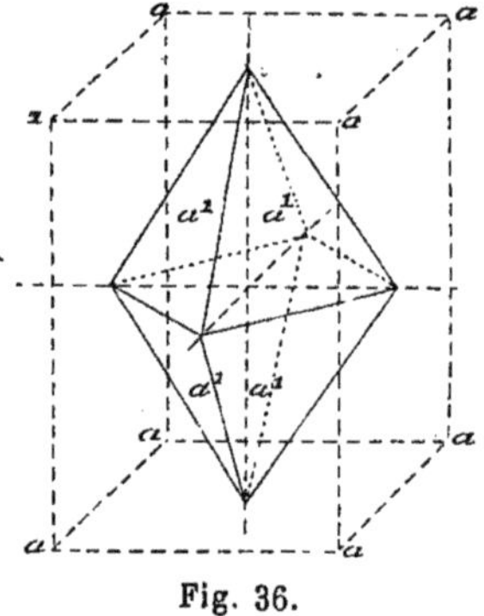

Fig. 36.

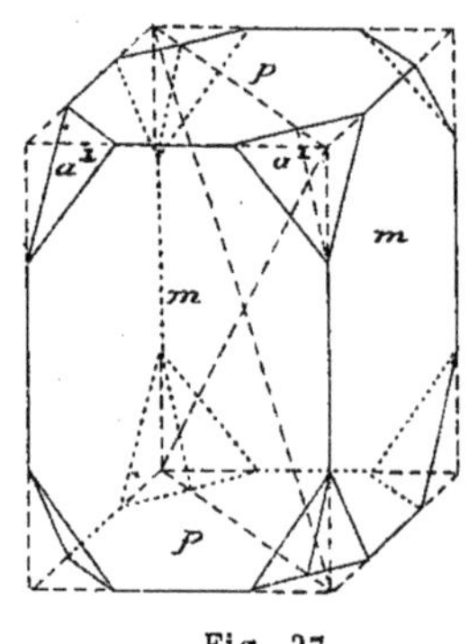

Fig. 37.

mutuelles un second octaèdre à 90° du premier et dont les faces sont quatre par quatre parallèles aux axes horizontaux.

$$\text{Symboles} \begin{cases} \text{Miller.} \dots \dots \dots (101) \\ \text{Weiss.} \dots \dots \dots a : \infty\, a : c \\ \text{Lévy} \dots \dots \dots a^{1} \end{cases}$$

FORMES DÉRIVÉES

Prismes octogonaux. — Si les modifications sur les arêtes verticales sont inclinées, il s'en développe deux, symétriquement placées l'une par rapport à l'autre sur chacune de ces quatre arêtes.

Quand le solide fondamental disparaît, on obtient un prisme à base octogone (forme dérivée simple).

Sinon on a affaire à une forme à base dodécagone complexe.

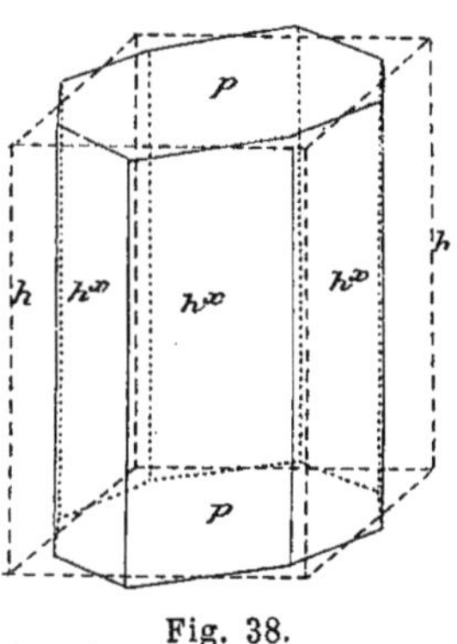

Fig. 38.

$$\text{Symboles} \begin{cases} \text{Miller.} \ldots (hk0) \\ \text{Weiss.} \ldots \dfrac{1}{h}\,a : \dfrac{1}{k}\,a : \dfrac{1}{0}\,c = a : \dfrac{h}{k}\,a : \infty\,c \\ \text{Lévy} \ldots h^x \end{cases}$$

Remarque. — Le système d'axes adopté ici n'étant pas celui de Lévy, l'exposant x n'est plus égal à $\dfrac{k}{h}$ comme pour la forme correspondante du système cubique, l'hexatétraèdre. Pour obtenir sa valeur, il faudrait faire une transformation de caractéristiques très simple d'ailleurs pour le cas présent.

On trouverait ainsi : $x = \dfrac{k + h}{k - h}$, les valeurs de k et de h devant être prises avec le signe qui leur convient.

Octaèdres dérivés droits. — Des modifications inclinées sur les huit arêtes horizontales engendrent tous les octaèdres

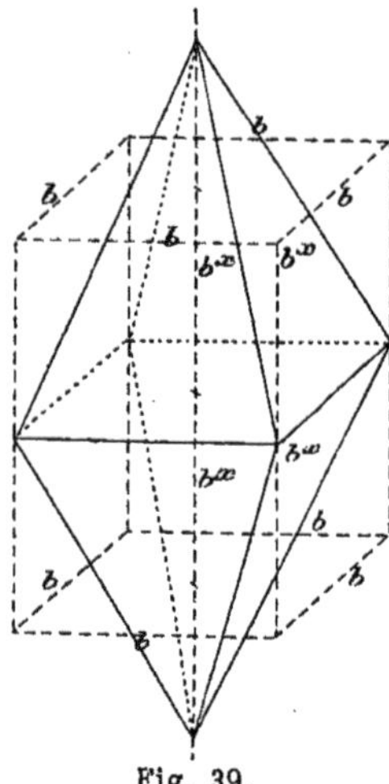

Fig. 39.

dérivés droits satisfaisant à la loi de rationalité.

$$\text{Symboles} \begin{cases} \text{Miller.} \ldots \quad (hhl) \\ \text{Weiss.} \ldots \quad \dfrac{1}{h} a : \dfrac{1}{h} a : \dfrac{1}{l} c = a : a : \dfrac{h}{l} c \\ \text{Lévy} \ldots \quad b^x \end{cases}$$

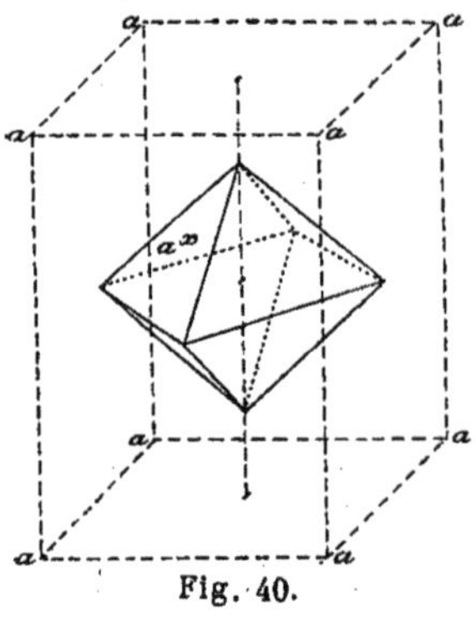

Fig. 40.

Octaèdres dérivés obliques. — Lorsque la modification sur l'angle est inclinée sur l'axe vertical seulement (Lévy), ou bien reste parallèle à l'un des axes horizontaux (Miller), ce qui revient au même, on obtient encore toute la série des octaèdres inverses conformes à la loi de rationalité.

$$\text{Symboles} \begin{cases} \text{Miller.} \dots \quad (hOl) \\[2mm] \text{Weiss.} \dots \quad \dfrac{1}{h}\,a : \dfrac{1}{0}\,a : \dfrac{1}{l}\,c = a : \infty\, a : \dfrac{h}{l}\,c \\[2mm] \text{Lévy} \dots \quad a^x \text{ ou } b^1 b^1\, h^{\frac{1}{x}} \end{cases}$$

Dioctaèdres. — Enfin, si la modification sur l'angle devient quelconque, il s'en développe deux, par raison de symétrie, sur chacun d'eux, et l'on obtient toute la série des formes à seize faces composées par deux pyramides octogones opposées par la base.

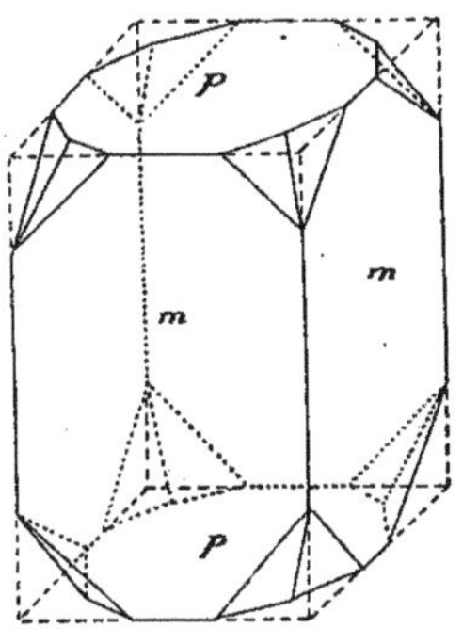

Fig. 41.

$$\text{Symboles} \begin{cases} \text{Miller.} \dots \quad (hkl) \\[2mm] \text{Weiss.} \dots \quad \dfrac{1}{h}\,a : \dfrac{1}{k}\,a : \dfrac{1}{l}\,c = a : \dfrac{h}{k}\,a : \dfrac{h}{l}\,c \\[2mm] \text{Lévy} \dots \quad b^x b^y h^z \end{cases}$$

FORMES HÉMIÈDRES

1° A faces parallèles.

Hémiprismes octogonaux. — Lorsqu'une seulement des deux facettes inclinées sur les arêtes h se développe, on obtient de nouveaux prismes quadratiques ABCD qu'il serait impossible de distinguer du protoprisme et du deutéroprisme s'ils se présentaient d'habitude sous la forme simple; mais les cris-

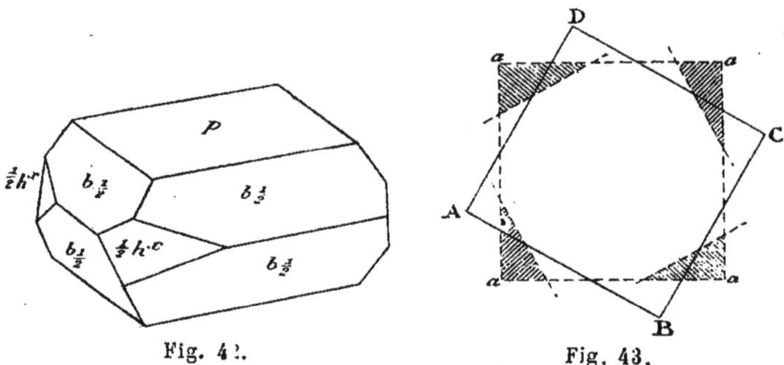

Fig. 42.   Fig. 43.

taux naturels, comme le molybdate de plomb, les renferment seulement à l'état de facettes modifiantes faciles à reconnaître.

$$\text{Symboles}\ \begin{cases} \text{Miller.} \ldots\ldots\ldots\ldots & \pi\ (hk\mathrm{O}) \\ \text{Lévy} \ldots\ldots\ldots\ldots & \dfrac{1}{2}h^x \end{cases}$$

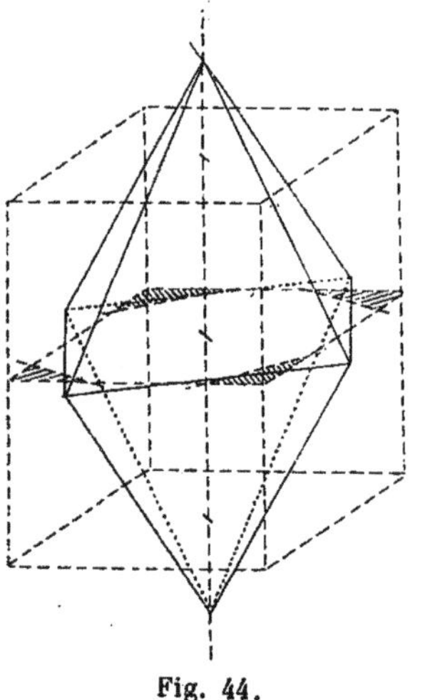

Fig. 44.

Hémidioctaèdres. — Si, des deux modifications inclinées sur chacun des huit angles solides a, il ne se développe qu'une de deux en deux, en haut comme en bas, et de façon que celles qui sont opposées par le centre soient parallèles, on obtient une double pyramide quadrangulaire, c'est-à-dire un octaèdre analogue aux autres comme forme et n'en différant que par sa situation dissymétrique par rapport aux axes.

$$\text{Symboles} \begin{cases} \text{Miller.} \ldots \ldots \ldots \quad \pi\ (hkl) \\ \text{Lévy} \ldots \ldots \ldots \quad \frac{1}{2}\ b^x b^y h^z \end{cases}$$

2° A faces inclinées.

Tétraèdre sphénoïde. — Si, dans l'octaèdre oblique, on supprime l'une des deux faces opposées par le centre, on obtient un tétraèdre irrégulier ou sphénoïde.

$$\text{Symboles} \begin{cases} \text{Miller.} \ldots \ldots x\ (hkl) \\ \text{Lévy} \ldots \ldots \frac{1}{2}\ a^1 \end{cases}$$

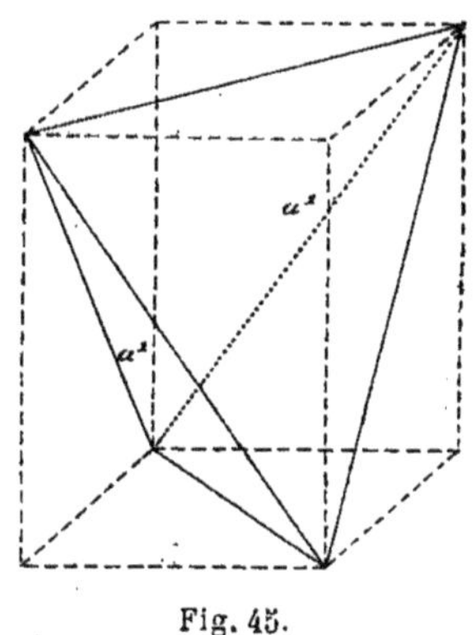

Fig. 45.

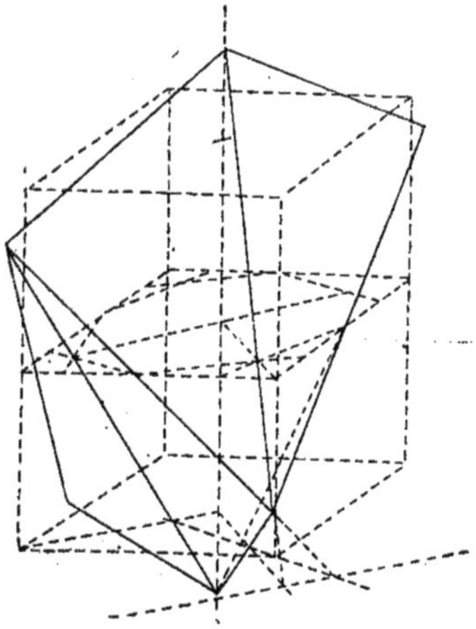

Fig. 46.

Hémidioctaèdres inclinés. — Quand, des deux groupes de faces inclinées sur les angles a et opposées par le centre, il ne se développe qu'un seul, le solide résultant ne renferme comme le tétraèdre aucun couple de faces parallèles.

$$\text{Symboles} \begin{cases} \text{Miller .} \ x\ (hkl) \\ \text{Lévy. } \frac{1}{2}\ b^x b^y h^z \end{cases}$$

A chacune de ces formes hémiédriques s'adjoint naturellement une forme conjuguée qui lui est superposable par un déplacement convenable.

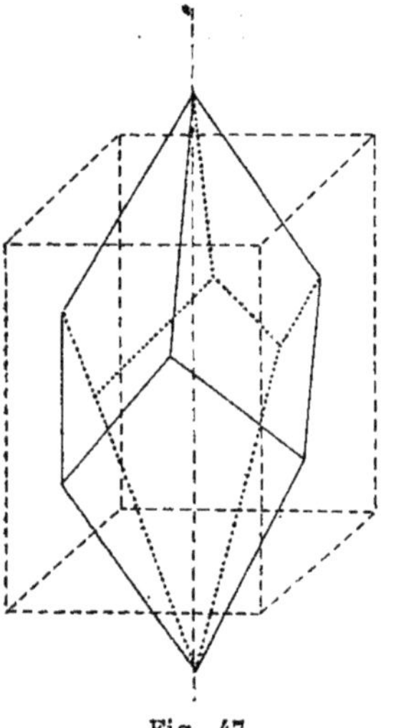

Fig. 47.

Le prisme octogone et l'octaèdre droit n'engendrent jamais de formes hémièdres obliques.

3° Hémiédrie plagièdre.

Trapézoèdre tétragonal. — Ce polyèdre dérive des dioctaèdres par la conservation des faces opposées par le centre et non parallèles entre elles ; on l'obtiendrait en faisant tourner l'une des pyramides quadrangulaires de l'hémidioctaèdre, par rapport à celle qui lui est opposée par la base, d'un angle égal à celui que les deux facettes forment entre elles.

CHAPITRE VI

Système orthorhombique

Dans ce système, qu'on appelle encore système du parallélipipède droit à base rectangle, système *terbinaire* ou système *orthogonal*, le solide adopté comme forme fondamentale est le prisme droit à base rhombe.

Ce polyèdre renferme trois plans de symétrie rectangulaires, dont deux sont les plans diagonaux verticaux et le troisième un plan mené par le centre parallèlement aux bases.

Ces plans se coupent suivant trois axes de symétrie binaire, qui sont les axes coordonnés de Miller et de Weiss auxquels nous rapporterons les différentes formes.

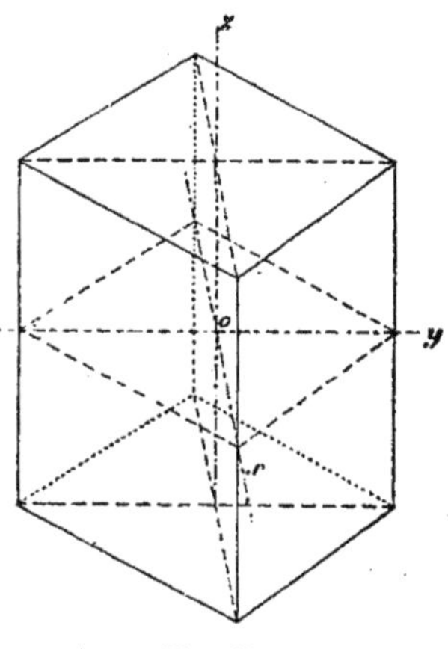

Fig. 48.

Le prisme orthorhombique présentant la même symétrie par rapport à ses arêtes verticales aiguës et obtuses, il est évidemment indifférent de placer en avant l'une ou l'autre de ces deux arétes.

Pour fixer les idées, nous conviendrons de désigner par la lettre h et de placer en avant l'une des arétes obtuses. De la sorte, le paramètre b étant pris pour unité, on aura toujours $a < 1$.

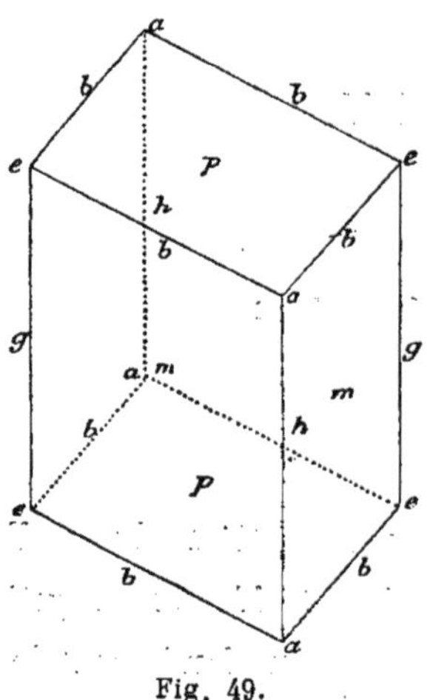

Fig. 49.

Le parallélipipède orthorhombique est constitué par :

8 arêtes horizontales b semblables entre elles ;

4 arêtes verticales h et g semblables deux à deux ;

2 bases p ;

4 pans m ;

4 angles solides a ;

4 angles solides e.

Protoprisme. — C'est le prisme orthorhombique que nous venons de décrire.

$$\text{Symboles}\begin{cases}\text{Miller}\dots\dots(110) \\ \text{Weiss}\dots\dots a : b : \infty c \\ \text{Lévy}\dots\dots m \\ \hline \text{Miller}\dots 001 \\ \text{Weiss}\dots \infty\,a : \infty\,b : c \\ \text{Lévy}\dots p \end{cases}\begin{matrix}\text{faces} \\ \text{latérales} \\ \\ \text{bases}\end{matrix}$$

Couple h^1. — Des modifications tangentes sur les deux arêtes verticales h engendrent un ensemble de deux faces parallèles (forme holoèdre non fermée).

Symboles $\begin{cases} \text{Miller} \ . \ (100) \\ \text{Weiss} \ . \ a : \infty b : \infty c \\ \text{Lévy} . \ . \ h^1 \end{cases}$

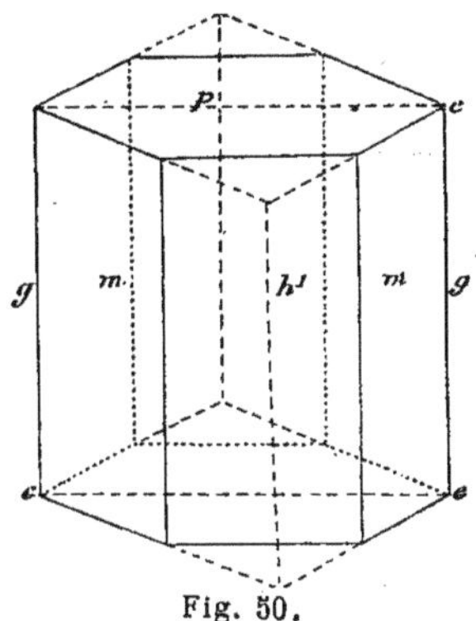

Fig. 50.

Couple g^1. — Des modifications tangentes sur les arêtes g engendrent un nouvel ensemble de deux facettes analogues aux précédentes.

Symboles $\begin{cases} \text{Miller} \ . \ . \ . \ . \ . \ . \ (010) \\ \text{Weiss} . \ . \ . \ . \ . \ . \ \infty a : b : \infty c \\ \text{Lévy} . \ . \ . \ . \ . \ . \ g^1 \end{cases}$

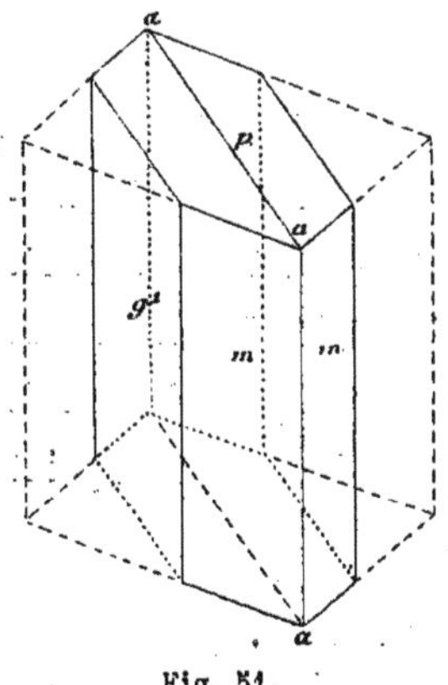

Fig. 51.

Lorsque ces deux sortes de modifications existent simultanément et de façon à faire disparaître complètement les faces du protoprisme, on obtient une forme complexe $h^1 g^1$, qui est un prisme à base rectangle dont les faces opposées sont respectivement parallèles aux trois plans coordonnés. Ce prisme droit à base rectangle aurait pu être choisi comme point de départ pour l'étude du système.

Dôme a^1. — Des modifications tangentes sur les quatre angles a donnent lieu à une forme prismatique renversée dont les arêtes latérales sont parallèles à l'axe oy.

Symboles $\begin{cases} \text{Miller . (101)} \\ \text{Weiss . } a : \infty\, b : c \\ \text{Lévy . } a^1 \end{cases}$

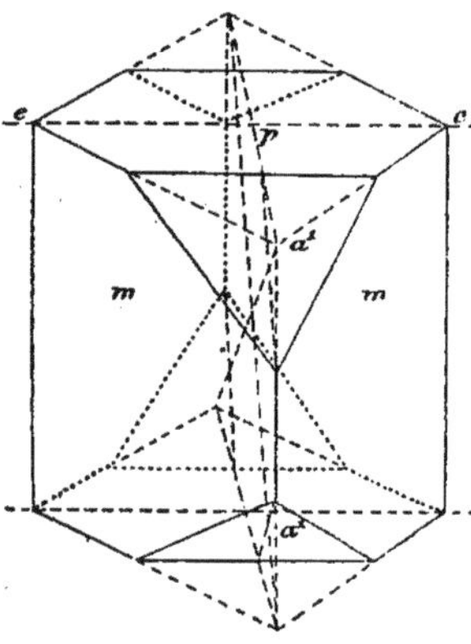

Fig. 52.

Dôme e^1. — Un prisme analogue existe relativement aux quatre angles e.

Symboles $\begin{cases} \text{Miller . . (011)} \\ \text{Weiss . } \infty\, a : b : c \\ \text{Lévy . . . } e^1 \end{cases}$

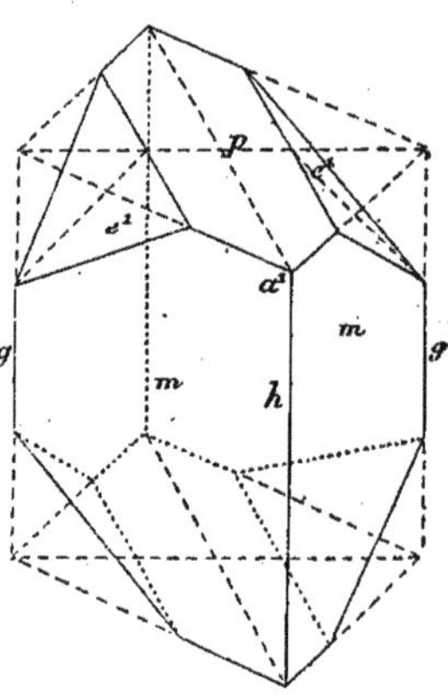

Fig. 53.

Protoctaèdre. — Par des modifications tangentes sur les huit arêtes horizontales b, on obtient une forme octaédrique qu'on aurait très bien pu adopter pour point de départ.

Symboles $\begin{cases} \text{Miller . } (111) \\ \text{Weiss . } a : b : c \\ \text{Lévy . . } b^{\frac{1}{2}} \end{cases}$

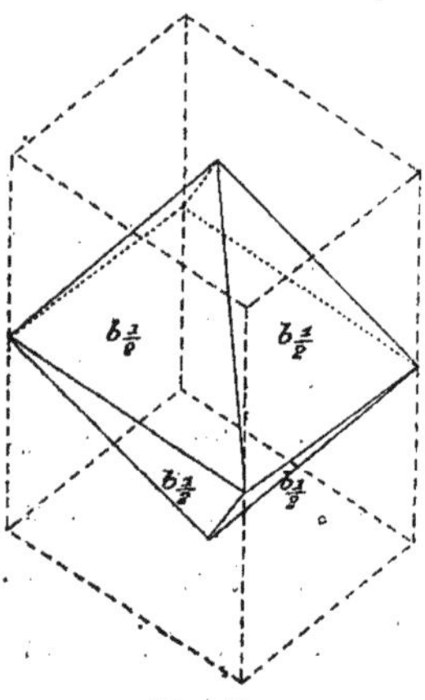

Fig. 54.

FORMES DÉRIVÉES

Deux cas peuvent se présenter quant aux modifications inclinées sur les arêtes verticales qui, par raison de symétrie, se

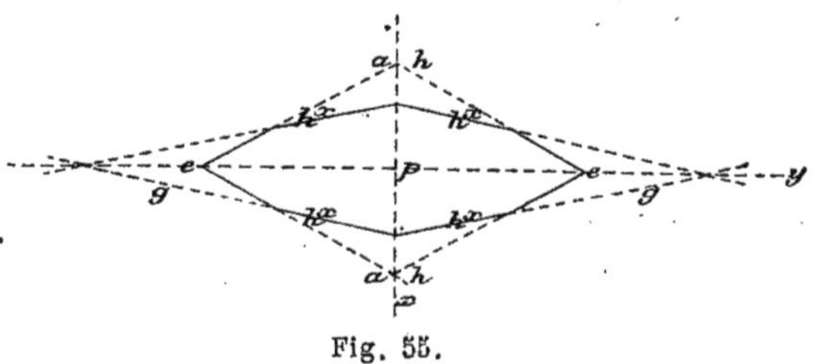

Fig. 55.

développent au nombre de deux sur chacune des arêtes semblables.

1° Le paramètre h est plus grand que le paramètre k ;

2° Le paramètre h est plus petit que le paramètre k.

1° $h > k$. — Les arêtes h seules sont modifiées ;

2° $h < k$. — Les arêtes g seules sont modifiées.

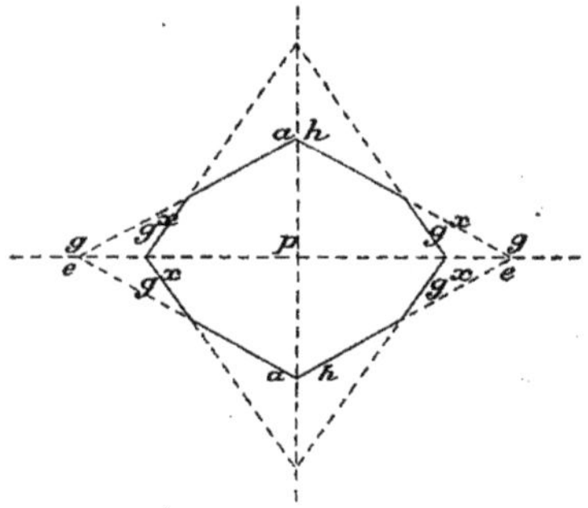

Dans les deux cas, la forme holoèdre résultante est d'ailleurs celle d'un prisme droit à base rhombe.

Fig. 56.

Prismes h^x. — Ils correspondent à $h > k$.

$$\text{Symboles}\begin{cases} \text{Miller} \dots \dots (hk0) \\ \text{Weiss} \dots \dots \dfrac{1}{h}\,a : \dfrac{1}{k}\,b : \dfrac{1}{0}\,c = \dfrac{k}{h}\,a : b : \infty\,c \\ \text{Lévy} \dots \dots h^x = h\dfrac{h+k}{h-k} \end{cases}$$

Prismes g^x. — Ils proviennent de $h < k$.

$$\text{Symboles}\begin{cases} \text{Miller} \ldots \ldots & (hkO) \\[2mm] \text{Weiss} \ldots \ldots & \dfrac{1}{h}\,a : \dfrac{1}{k}\,b : \dfrac{1}{0}\,c = \dfrac{k}{h}\,a : b : \infty\,c \\[3mm] \text{Lévy} \ldots \ldots & g^x = g^{\frac{h+k}{h-k}} \end{cases}$$

Dômes a^x. — Des modifications sur les quatre angles a, et inclinées sur l'axe vertical seulement, engendrent tous les

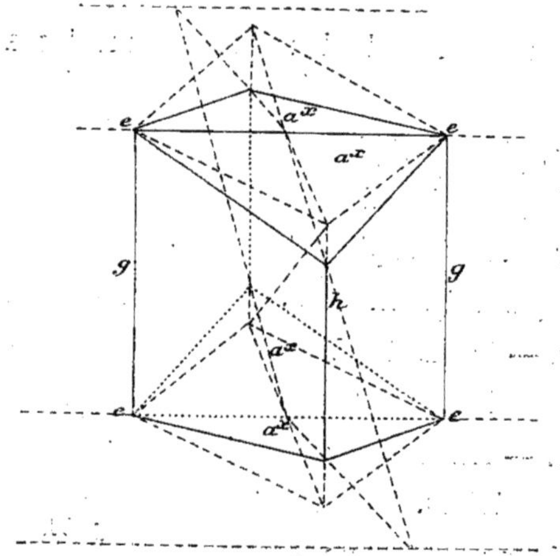

Fig. 57.

dômes a^x satisfaisant à la loi de rationalité.

$$\text{Symboles}\begin{cases} \text{Miller} \ldots \ldots & (hOl) \\[2mm] \text{Weiss} \ldots \ldots & a : \infty\,b : \dfrac{h}{l}\,c \\[3mm] \text{Lévy} \ldots \ldots & a^x \end{cases}$$

Dômes e^x. — Des modifications du même genre sur les quatre angles e engendrent un dôme analogue.

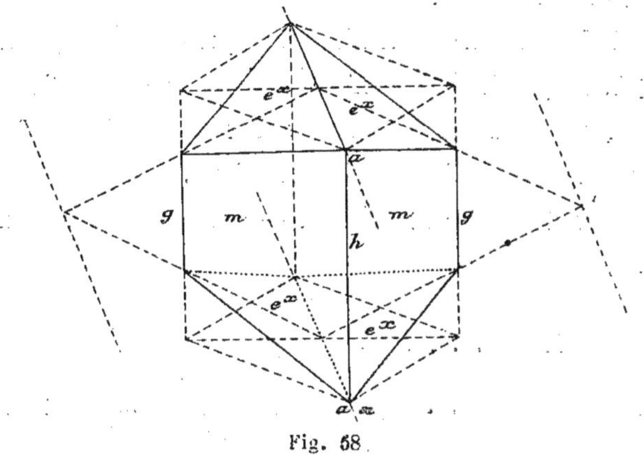

Fig. 58.

$$\text{Symboles} \begin{cases} \text{Miller} \ldots \ldots \ldots (0kl) \\ \text{Weiss} \ldots \ldots \ldots \propto a : b : \dfrac{k}{l} c \\ \text{Lévy} \ldots \ldots \ldots e^x \end{cases}$$

Octaèdres b^x. — Les modifications inclinées sur les huit arêtes b sont, par raison de symétrie, seules sur chaque arête et donnent lieu à tous les octaèdres analogues au protoctaèdre. Il est bien évident, d'ailleurs, qu'on peut choisir l'un quelconque d'entre eux comme octaèdre fondamental, puisque c'est précisément à l'une de ces formes qu'on est obligé de s'adresser pour déterminer l'axe vertical c du solide fondamental.

$$\text{Symboles} \begin{cases} \text{Miller} \ldots \ldots \ldots (11l) \\ \text{Weiss} \ldots \ldots \ldots a : b : \dfrac{1}{l} c \\ \text{Lévy} \ldots \ldots \ldots b^x \; \varpi = \dfrac{1}{2l} \end{cases}$$

Lorsque les modifications sur les angles a et e deviennent quelconques, deux cas peuvent se présenter :

1° $h > k$; 2° $h < k$.

$h > k$. Les modifications n'ont lieu que sur les angles a.

$h < k$. Les modifications n'ont lieu que sur les angles e.

Les formes résultantes sont des faces octaédriques n'existant en général qu'à l'état de modifications.

Faces octaédriques sur a. — Elles correspondent à $h > k$.

$$\text{Symboles} \begin{cases} \text{Miller} \dots \dots & (hkl) \\ \text{Weiss} \dots \dots & \frac{1}{h}\,a : \frac{1}{k}\,b : \frac{1}{l}\,c = \frac{k}{h}\,a : b : \frac{k}{l}\,c \\ \text{Lévy} \dots \dots & b^x\ b^y\ h^z \end{cases}$$

Faces octaédriques sur e. — Elles correspondent à $h < k$.

$$\text{Symboles} \begin{cases} \text{Miller} \dots \dots & (hkl) \\ \text{Weiss} \dots \dots & \frac{1}{h}\,a : \frac{1}{k}\,b : \frac{1}{l}\,c = \frac{k}{h}\,a : b : \frac{k}{l}\,c \\ \text{Lévy} \dots \dots & b^x\ b^y\ h^z \end{cases}$$

FORMES HÉMIÈDRES

Les formes hémièdres à faces parallèles n'existent pas dans le système orthorhombique.

Hémiédrie superposable à faces inclinées. — Tous les

prismes orthorhombiques donnent lieu à un hémiprisme (forme hémimorphique) superposable à son conjugué, par la conservation de deux faces adjacentes et la suppression de leurs opposées.

Il en est de même pour les faces octaédriques sur a ou sur e; ainsi dans la topaze on trouve généralement à l'un des bouts la face p et à l'autre les deux faces octaédriques adjacentes.

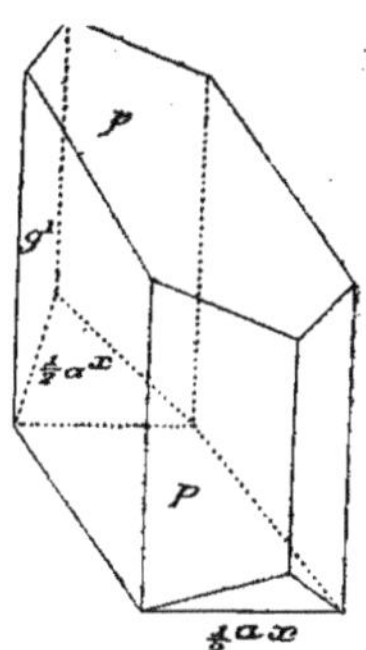

Fig. 59.

Hémiédrie à faces inclinées non superposables. — Tétraèdres sphénoïdes. — Ils dérivent des octaèdres b^x par

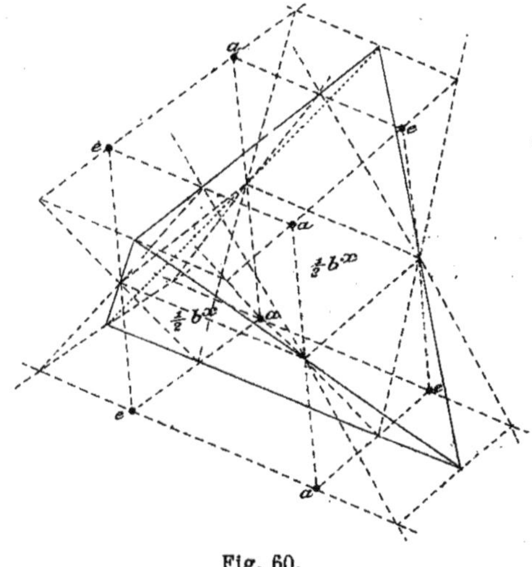

Fig. 60.

la suppression de la moitié de leurs faces.

Symboles $\begin{cases} \text{Miller} \ldots \ldots \quad \varkappa\,(11l) \\ \text{Lévy} \ldots \ldots \quad \frac{1}{2}\,b^x \end{cases}$

On rencontre cette forme hémiédrique dans les cristaux de sulfate de magnésium dont les bases p disparaissent en général,

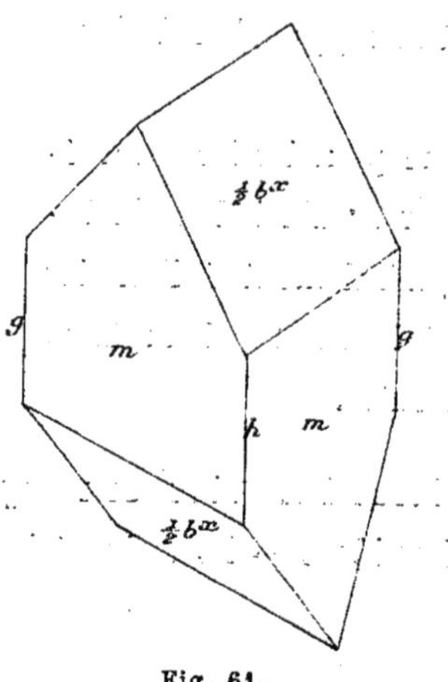

Fig. 61.

sous l'influence de l'hémiédrie des modifications sur les arétes b.

On rencontre enfin quelques cas de superposition des deux sortes d'hémiédrie sur un même cristal.

CHAPITRE VII

Système monoclinique

Ce système s'appelle encore système *clinorhombique* ou système du *prisme oblique à base rhombe*, d'après le polyèdre adopté comme solide fondamental. L'obliquité des arêtes de ce prisme répond à la condition que l'un des plans diagonaux passant par les diagonales des bases rhombes soit vertical, lorsque le solide repose sur l'une d'elles ; on l'obtiendrait donc à l'aide du prisme orthorhombique, en inclinant les arêtes latérales parallèlement à ce plan diagonal.

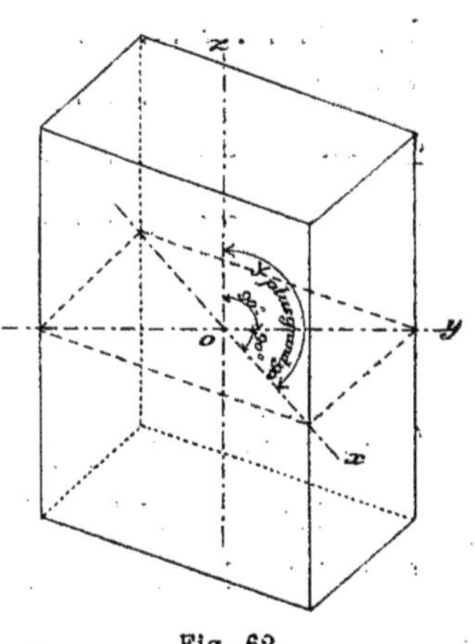

Fig. 62.

Comme le polyèdre est évidemment symétrique par rapport à lui, en l'adoptant pour plan coordonné xoz, l'axe a se trouve en avant et l'axe b dans le plan de la figure ; ce dernier axe est donc perpendiculaire au plan des deux autres, lesquels forment entre eux un angle aigu ou obtus.

Par convention, l'angle obtus γ est toujours placé en avant.

FORMES FONDAMENTALES

Protoprisme. — Il est constitué par :

2 arêtes latérales . . . h
2 — — . . . g
4 arêtes horizontales . b
4 — — . d
2 bases . . . . p
4 pans. . . . . m
4 angles solides . . . . e
2 — — . . . . a
2 — — i

Symboles des bases $\begin{cases} \text{Miller. . (001)} \\ \text{Weiss. . } \infty\, a : \infty\, b : c \\ \text{Lévy . . } p \end{cases}$

Symboles des faces latérales $\begin{cases} \text{Miller . (110)} \\ \text{Weiss . } a : b : \infty c \\ \text{Lévy. . } m \end{cases}$

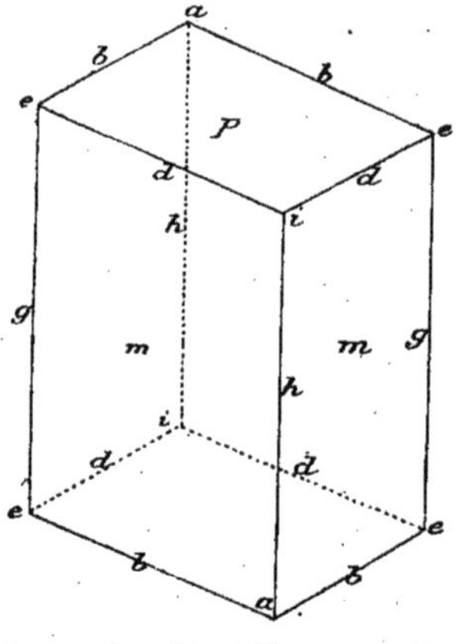

Fig. 63.

Couple h^1. — Les modifications tangentes sur les arêtes h engendrent un ensemble de deux facettes h^1 parallèles au plan coordonné yoz.

$$\text{Symboles}\begin{cases}\text{Miller} \dots\dots\dots (100)\\ \text{Weiss} \dots\dots\dots a:\infty b:\infty c\\ \text{Lévy} \dots\dots\dots h^1\end{cases}$$

Couple g^1. — Des modifications du même genre sur les arêtes g forment les facettes g^1 parallèles au plan xoz.

$$\text{Symboles}\begin{cases}\text{Miller.. } (010)\\ \text{Weiss.. } \infty a:b:\infty c\\ \text{Lévy.. } g^1\end{cases}$$

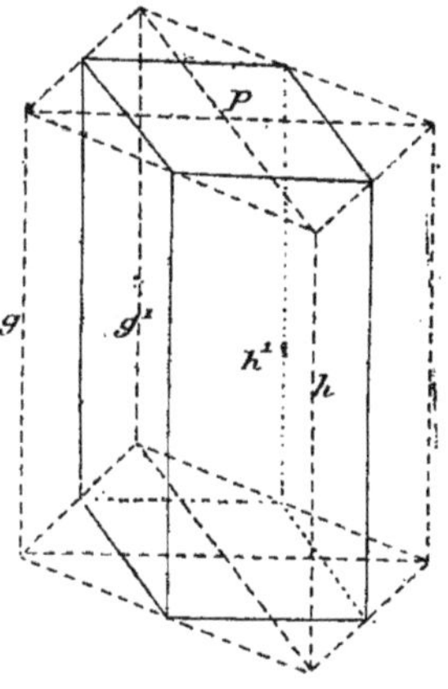

Fig. 64.

L'ensemble des facettes h^1 et g^1 constitue un prisme oblique à base rectangle dont les faces latérales sont respectivement parallèles aux plans coordonnés xoz et yoz, et qui est une forme composée de trois formes simples, les deux bases p, les deux facettes g^1 et les deux facettes h^1.

Faces octaédriques $b^{\frac{1}{2}}$. — Les modifications tangentes sur les quatre arêtes b donnent lieu à quatre faces octaédriques se coupant suivant quatre droites parallèles deux à deux.

$$\text{Symboles}\begin{cases}\text{Miller}\dots (\overline{1}11) \quad \text{(on a noté l'arête supérieure droite.)}\\ \text{Weiss}\dots a':b:c\\ \text{Lévy.}\dots b^{\frac{1}{2}}\end{cases}$$

Faces octaédriques $d^{\frac{1}{2}}$. — Analogues aux précédentes, elles proviennent des modifications tangentes sur les arêtes d.

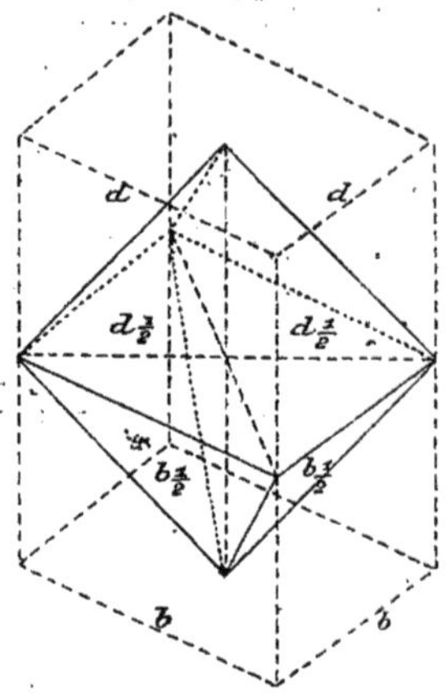

Fig. 65.

ment supprimées.

$$\text{Symboles} \begin{cases} \text{Miller . . (111)} \\ \text{Weiss . . } a : b : c \\ \text{Lévy. . . } d^{\frac{1}{2}} \end{cases}$$

L'ensemble des formes fondamentales $b^{\frac{1}{2}}$ et $d^{\frac{1}{2}}$ constitue un octaèdre composé $b^{\frac{1}{2}}d^{\frac{1}{2}}$ si les faces du protoprisme sont complète-

Dôme e^1. | — Les modifications tangentes sur les quatre angles solides e forment un dôme à arêtes parallèles à l'axe ox.

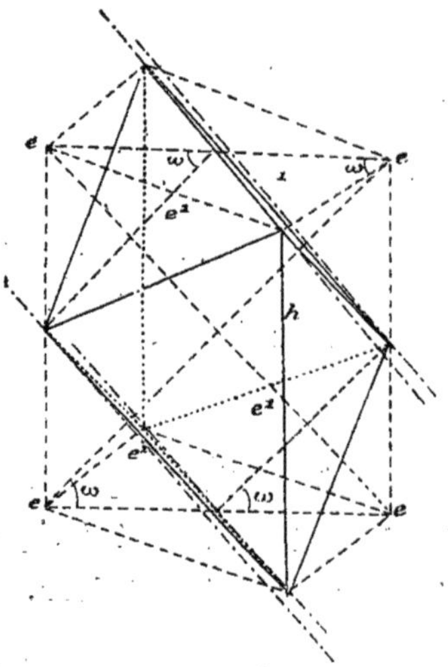

$$\text{Symboles} \begin{cases} \text{Miller . (011)} \\ \text{Weiss . } \infty\, a : b : c \\ \text{Lévy. . } e^1 \end{cases}$$

Demi-dôme a^1. — Celles qui se produisent sur les deux angles a engendrent deux facettes parallèles entre elles et à l'axe oy.

Fig. 66.

$$\text{Symboles} \begin{cases} \text{Miller. . . . . } (\overline{1}01)\ \text{(la notation se rapporte à l'angle supérieur)} \\ \text{Weiss. . . . . } a' : \infty\, b : c \\ \text{Lévy . . . . . } a^1 \end{cases}$$

Demi-dôme i^1. — Enfin les angles i modifiés de la même manière forment deux nouvelles facettes en zone avec les précédentes.

$$\text{Symboles} \begin{cases} \text{Miller} \dots \dots \dots (101) \\ \text{Weiss} \dots \dots \dots a : \infty\, b : c \\ \text{Lévy} \dots \dots \dots i^1 \end{cases}$$

L'ensemble des demi-dômes a^1 et i^1 constituerait un dôme

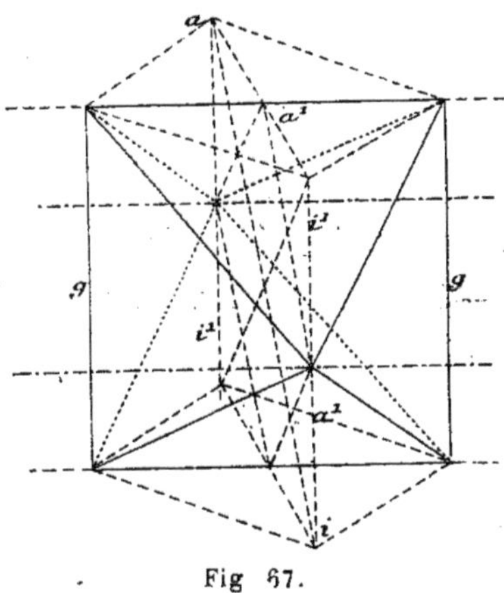

Fig 67.

a^1 i^1 (forme composée) et l'ensemble des dômes e^1 et a^1 i^1, un solide octaédrique doublement composé.

FORMES DÉRIVÉES

Lorsqu'une modification est inclinée sur l'arête h, c'est-à-dire lorsque l'un des axes horizontaux varie, deux cas peuvent se présenter quant aux caractéristiques h et k de la modification.

1° $h > k$ La modification porte sur les arêtes h
2° $h < k$ —   —   — g

Un cristal non maclé ne pouvant en effet présenter d'angles rentrants, il s'ensuit que ce sont les faces elles-mêmes, et non

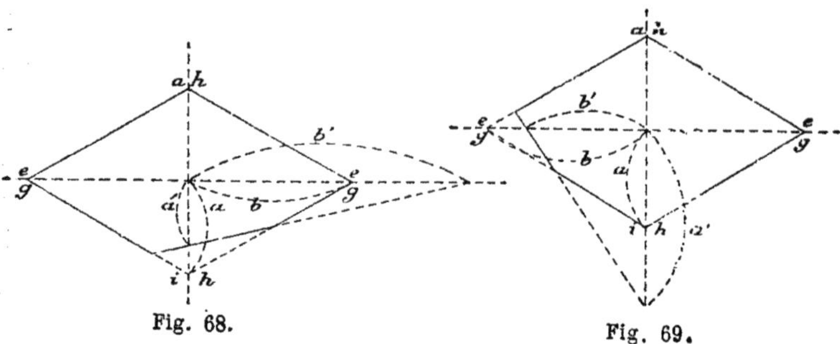

Fig. 68.　　　　　　Fig. 69.

leurs prolongements, qui doivent subir la modification.

Prismes h^x. — Ils correspondent au cas de $h > k$.

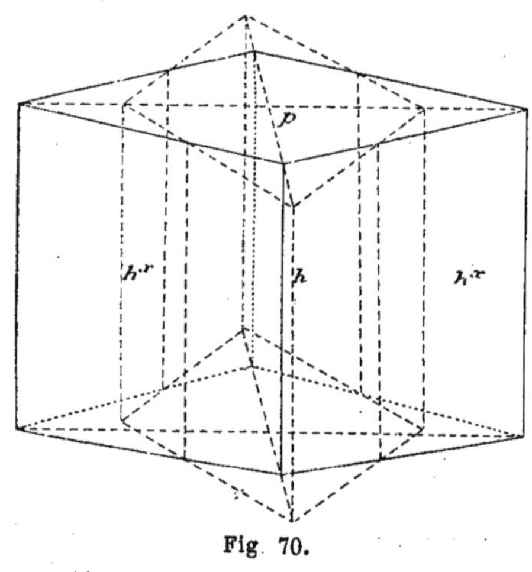

Fig. 70.

$$\text{Symboles} \begin{cases} \text{Miller.} \ldots \ldots \ (hk\text{O}) \\[2mm] \text{Weiss.} \ldots \ldots \ \dfrac{1}{h}\,a : \dfrac{1}{k}\,b : \dfrac{1}{0}\,c = \dfrac{k}{h}\,a : b : \infty\,c \\[2mm] \text{Lévy.} \ldots \ldots \ h^x = h^{\frac{h+k}{h-k}} \end{cases}$$

Prismes g^x. — Ils correspondent au cas $h < k$.

$$\text{Symboles} \begin{cases} \text{Miller. .} & (hk0) \\[2mm] \text{Weiss. .} & \dfrac{k}{h}\, a : b : \infty\, c \\[2mm] \text{Lévy . .} & g^x = g^{\frac{k-h}{h+k}} \end{cases}$$

Faces octaédriques b^x. — Elles proviennent des modifications inclinées sur les quatre arêtes b, c'est-à-dire pour lesquelles l'axe c a pris une valeur quelconque satisfaisant à la loi de rationalité.

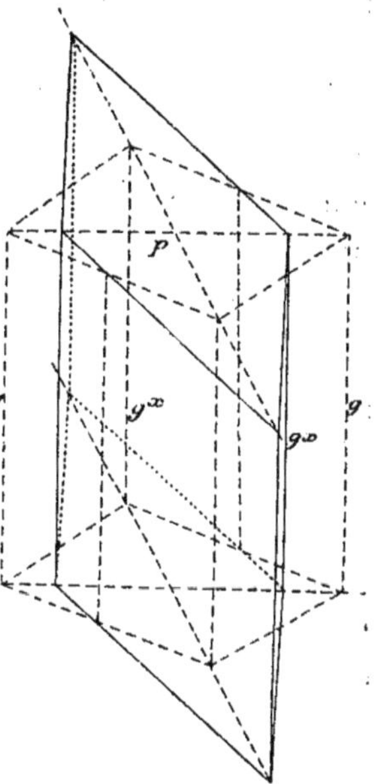

Fig. 71.

$$\text{Symboles} \begin{cases} \text{Miller. .} & (\overline{1}1l) \\[2mm] \text{Weiss. . .} & a' : b : \dfrac{1}{l}\, c \\[2mm] \text{Lévy . . .} & b^x \quad x = \dfrac{l}{2} \end{cases}$$

Faces octaédriques d^x. — Elles dérivent des arêtes d comme les précédentes des arêtes b.

$$\text{Symboles} \begin{cases} \text{Miller. . .} & (11l) \\[2mm] \text{Weiss. . .} & a : b : \dfrac{1}{l}\, c \\[2mm] \text{Lévy . . .} & d^x \quad x = \dfrac{l}{2} \end{cases}$$

L'ensemble des faces b^x et d^x

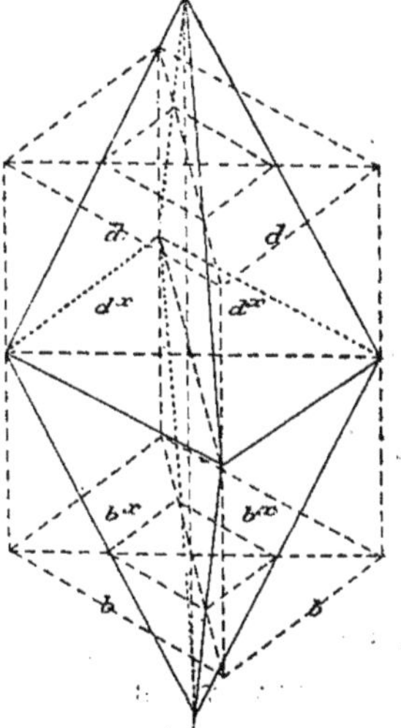

Fig. 72.

engendre tous les octaèdres inclinés sur les arêtes horizontales du protoprisme.

Dômes e^x. — Des modifications sur les quatre angles e et inclinées sur l'axe vertical seulement engendrent tous les dômes dont les faces sont en zone avec celles du dôme primitif e^1.

$$\text{Symboles} \begin{cases} \text{Miller.} \ldots \ldots & (01l) \\[1ex] \text{Weiss.} \ldots \ldots & \propto a : b : \dfrac{1}{l} c \\[1ex] \text{Lévy} \ldots \ldots & e^x \quad x = l \end{cases}$$

Demi-dômes a^x. — Des modifications analogues sur les deux angles a donnent lieu aux facettes a^x en zone avec celles de la forme a^1.

$$\text{Symboles} \begin{cases} \text{Miller.} \ldots \ldots & (\bar{1}0l) \\[1ex] \text{Weiss.} \ldots \ldots & a' : \propto b : \dfrac{1}{l} c \\[1ex] \text{Lévy} \ldots \ldots & a^x \quad x = l \end{cases}$$

Demi-dômes i^x. — Les deux angles i modifiés de la même façon donnent le groupe i^x en zone avec les précédentes et avec les facettes i^1.

$$\text{Symboles} \begin{cases} \text{Miller.} \ldots \ldots & (10l) \\[1ex] \text{Weiss} \ldots \ldots & a : \propto b : \dfrac{1}{l} c \\[1ex] \text{Lévy} \ldots \ldots & i^x \quad x = l \end{cases}$$

L'ensemble de deux demi-dômes e^x et i^x, de mêmes caractéristiques en valeur absolue, constitue un dôme composé, lequel, superposé au dôme a^x, forme l'un des octaèdres doublement complexes dont les faces sont toutes en zone avec celles de l'octaèdre fondamental correspondant.

Les modifications quelconques sur les angles, c'est-à-dire pour lesquelles les paramètres ont des valeurs quelconques, se présentent différemment suivant qu'on a : $h \gtrless k$.

$1° \, h > k$:

Le paramètre b' étant dans ce cas plus grand que le paramètre a', la modification affecte les angles a ou i. Comme ils sont de nature différente et dépendant du signe de h, nous partagerons ce cas en deux autres : $h > o$ et $h < o$.

Comme le solide est d'ailleurs symétrique par rapport au plan xoz, deux modifications symétriques coexistent sur chacun des angles.

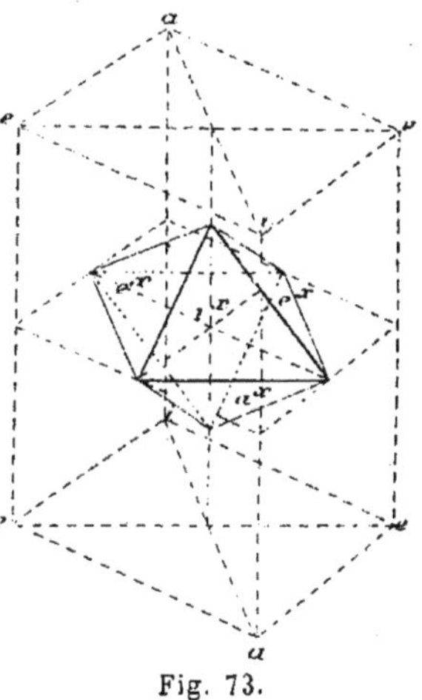

Fig. 73.

$$h > k \begin{cases} h > o \\ h < o \end{cases} \quad \begin{array}{l} \text{Les 4 modifications affectent les 2 angles } i \\ \qquad - \qquad - \qquad - \qquad a \end{array}$$

$2° \, h < k$:

Le paramètre b' étant plus petit que le paramètre a', la modification affecte l'un des angles e; seulement, ici, chaque modification restera isolée, car le plan yoz n'est plus un plan de symétrie. Pour $h > o$ les modifications seront inclinées vers l'avant, et vers l'arrière pour $h < o$.

$$h < k \begin{cases} h > o \begin{cases} \text{Les quatre modifications affectent les angles } e \\ \quad \text{et forment un demi-octaèdre antérieur.} \end{cases} \\ h < o \begin{cases} \text{Elles affectent les mêmes angles } e, \text{ mais for-} \\ \quad \text{ment un demi-octaèdre postérieur.} \end{cases} \end{cases}$$

En résumé, l'ensemble des modifications équiparamétriques sur $\acute{a}$ et i d'une part, et l'ensemble des modifications du même genre sur e de l'autre, engendrent deux octaèdres composés

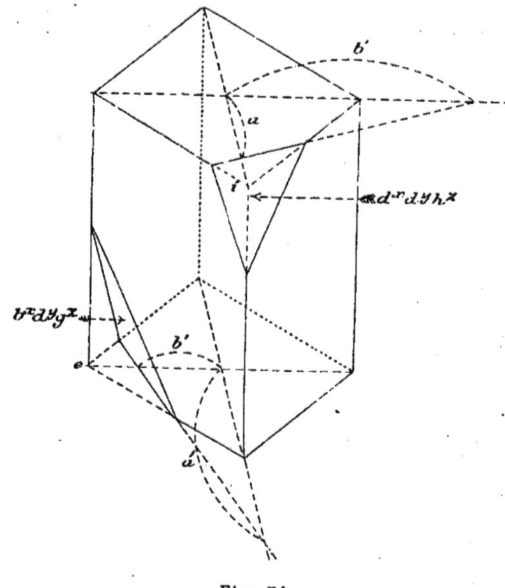

Fig. 74.

différents satisfaisant, le premier à la condition $h > k$, et le second à la condition $h < k$.

Faces octaédriques sur a. $h > k$ $h < o$

$$\text{Symboles} \begin{cases} \text{Miller.} \ldots \ldots \quad (\bar{h}kl) \\ \text{Weiss.} \ldots \ldots \quad \dfrac{k}{h}\, a' : b : \dfrac{k}{l}\, c \\ \text{Lévy} \ldots \ldots \quad b^x b^y h^z \end{cases}$$

Faces octaédriques sur i. — $h > k \quad h > o$

$$\text{Symboles} \begin{cases} \text{Miller.} \ldots \ldots \ldots & (hkl) \\[2ex] \text{Weiss.} \ldots \ldots \ldots & \dfrac{k}{h}\,a : b \cdot \dfrac{k}{l}\,c \\[2ex] \text{Lévy} \ldots \ldots \ldots & d^x d^y h^z \end{cases}$$

Faces octaédriques sur e. — $1° \ h < k \quad h > o$

$$\text{Symboles} \begin{cases} \text{Miller.} \ldots \ldots \ldots & (hkl) \\[2ex] \text{Weiss.} \ldots \ldots \ldots & \dfrac{k}{h}\,a : b : \dfrac{k}{l}\,c \\[2ex] \text{Lévy} \ldots \ldots \ldots & d^x b^y g^z \end{cases}$$

$2° \ h < k \quad h < o$

$$\text{Symboles} \begin{cases} \text{Miller.} \ldots \ldots \ldots & (\bar{h}kl) \\[2ex] \text{Weiss.} \ldots \ldots \ldots & \dfrac{k}{h}\,a' : b : \dfrac{k}{l}\,c \\[2ex] \text{Lévy} \ldots \ldots \ldots & d^x b^y g^z \end{cases}$$

FORMES HÉMIÈDRES

Dans le système monoclinique, l'hémiédrie se réduit à la suppression de l'une des deux faces formant couple et de deux faces opposées ou adjacentes, suivant le cas, dans les formes prismatiques.

Lorsque les faces non développées sont adjacentes, l'hémiédrie est dite *hémimorphique*.

Deux hémiédries différentes coexistent fréquemment sur un

même cristal pour engendrer des formes plagièdres comme celles de l'acide tartrique et du sucre.

REMARQUE. — On aurait pu prendre comme protoprisme le prisme h^1g^1 dont les quatre faces parallèles à oy sont des rectangles; en le plaçant de façon que les bases parallélogrammes soient horizontales, on obtient un prisme droit à base parallélogramme dont le prisme orthorhombique n'est qu'un cas particulier. Envisagé à ce point de vue, le système monoclinique pourrait donc encore s'appeler système du *prisme droit à base parallélogramme*.

CHAPITRE VIII

Système triclinique

Ce système, qui renferme le cas le plus général de la cristallographie, et qu'on appelle souvent aussi système *anorthique* et *dissymétrique*, s'étudie d'habitude en prenant pour point de départ le prisme oblique à faces parallélogrammes.

Nous conviendrons de placer ce solide, dans lequel il n'existe évidemment aucun plan de symétrie, de façon que, les bases étant horizontales et l'une des diagonales inférieures dans le plan de la figure, les arêtes latérales soient inclinées à la fois vers la droite et vers l'arrière.

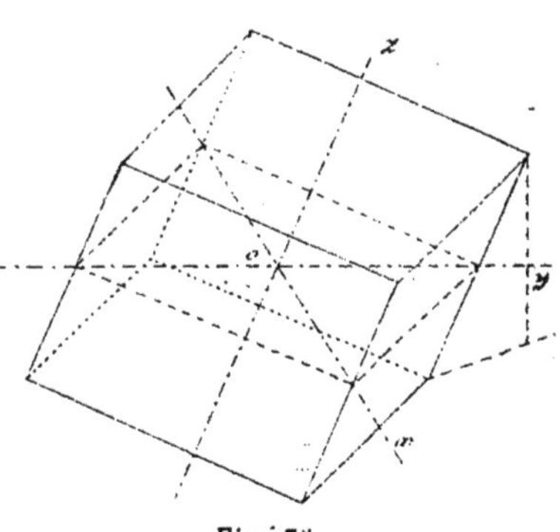

Fig. 75.

Les axes coordonnés de Miller, définis par les trois directions ox, oy, oz, sont d'inégales longueurs, a, b, c, et forment entre eux trois angles quelconques ne dépendant que de la nature de la substance cristallisée.

Parmi les trièdres formés dans l'espace par ces axes et leurs prolongements, ceux-là seuls qui sont opposés par le sommet sont formés d'éléments égaux ; les formes holoèdres du système triclinique ne peuvent donc être constituées que par des couples de facettes parallèles entre elles.

Le solide fondamental qui a six faces est donc le résultat du groupement de trois formes holoèdres différentes.

FORMES FONDAMENTALES

Protoprisme. — Il est constitué par :

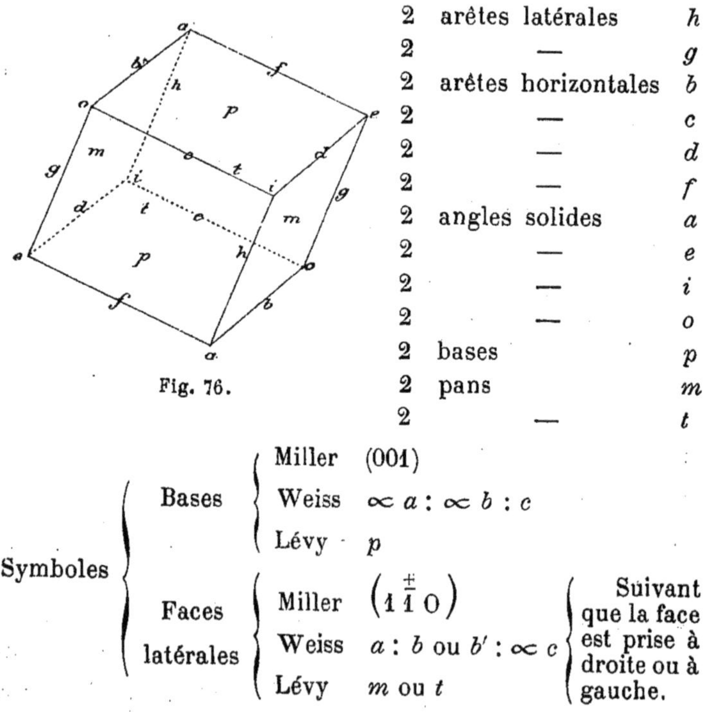

2	arétes latérales	h
2	—	g
2	arétes horizontales	b
2	—	c
2	—	d
2	—	f
2	angles solides	a
2	—	e
2	—	i
2	—	o
2	bases	p
2	pans	m
2	—	t

Fig. 76.

$$\text{Symboles}\begin{cases}\text{Bases}\begin{cases}\text{Miller} & (001) \\ \text{Weiss} & \infty\, a : \infty\, b : c \\ \text{Lévy} & p\end{cases} \\[2em] \begin{matrix}\text{Faces}\\ \text{latérales}\end{matrix}\begin{cases}\text{Miller} & \left(1\,\overset{\pm}{1}\,0\right) \\ \text{Weiss} & a : b \text{ ou } b' : \infty\, c \\ \text{Lévy} & m \text{ ou } t\end{cases}\begin{cases}\text{Suivant} \\ \text{que la face} \\ \text{est prise à} \\ \text{droite ou à} \\ \text{gauche.}\end{cases}\end{cases}$$

Couple h^1. — Modifications tangentes sur les arêtes latérales h.

$$\text{Symboles}\begin{cases}\text{Miller.} \ldots \ldots \ldots (100) \\ \text{Weiss.} \ldots \ldots \ldots a : \infty\, b : \infty\, c \\ \text{Lévy} \ldots \ldots \ldots h^1\end{cases}$$

Couple g^1. — Modifications tangentes sur les arêtes g.

$$\text{Symboles}\begin{cases}\text{Miller.} \ . \ (010) \\ \text{Weiss.} \ . \ \infty\, a : b : \infty\, c \\ \text{Lévy} \ . \ . \ g^1\end{cases}$$

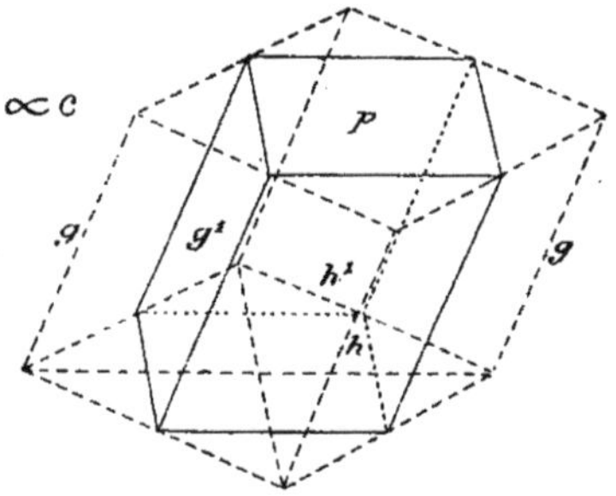

Les deux couples h^1 et g^1 forment avec les bases p un second prisme oblique composé, dont les faces sont deux à deux parallèles aux plans coordonnés.

Fig. 77.

Couples $b^{\frac{1}{2}}$, $c^{\frac{1}{2}}$, $d^{\frac{1}{2}}$ et $f^{\frac{1}{2}}$. — Ils proviennent des modifications tangentes sur les 4 sortes d'arêtes horizontales.

	SYMBOLES			
	$b^{\frac{1}{2}}$	$c^{\frac{1}{2}}$	$d^{\frac{1}{2}}$	$f^{\frac{1}{2}}$
Miller	$(\bar{1}\,\bar{1}\,1)$	$(1\,\bar{1}\,1)$	$(1\,1\,1)$	$(\bar{1}\,1\,1)$
Weiss	$a' : b' : c$	$a : b' : c$	$a : b : c$	$a' : b : c$
Lévy	$b^{\frac{1}{2}}$	$c^{\frac{1}{2}}$	$d^{\frac{1}{2}}$	$f^{\frac{1}{2}}$

Ces notations se rapportent aux modifications des quatre arêtes supérieures.

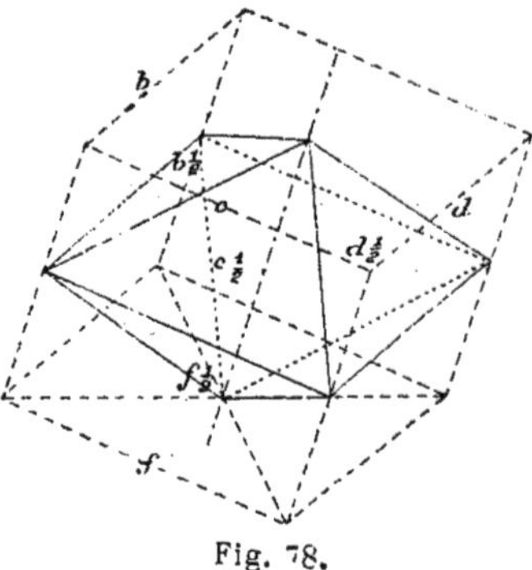

Fig. 78.

L'ensemble de ces modifications constituerait un octaèdre fondamental quadruplement composé.

Demi-dômes a^1, e^1, i^1 et o^1. — Les modifications tangentes sur les angles solides engendrent quatre demi-dômes différents.

		SYMBOLES		
	a^1	e^1	i^1	o^1
Miller	$(\bar{1}\ 0\ 1)$	$(0\ 1\ 1)$	$(1\ 0\ 1)$	$(0\ \bar{1}\ 1)$
Weiss	$a' : \infty b : c$	$\infty a : b : c$	$a : \infty b : c$	$\infty a : b' : c$
Lévy	a^1	e^1	i^1	o^1

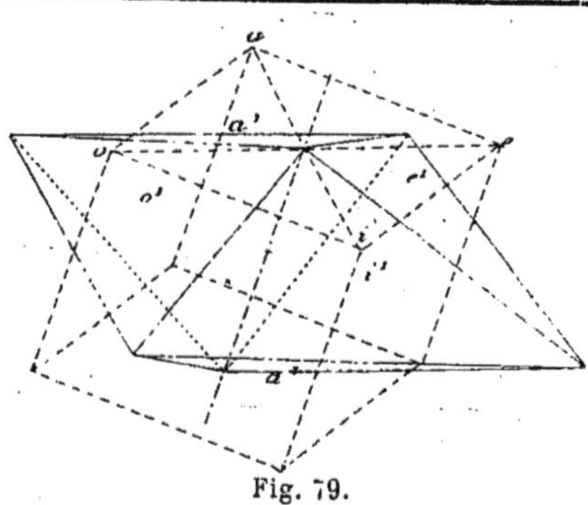

Fig. 79.

Ces notations se rapportent encore aux modifications supérieures.

Par leur superposition ces quatre formes simples engendreraient un second octaèdre composé.

FORMES DÉRIVÉES

Les modifications inclinées sur les arêtes latérales affectent tantôt les arêtes h et tantôt les arêtes g, suivant les valeurs

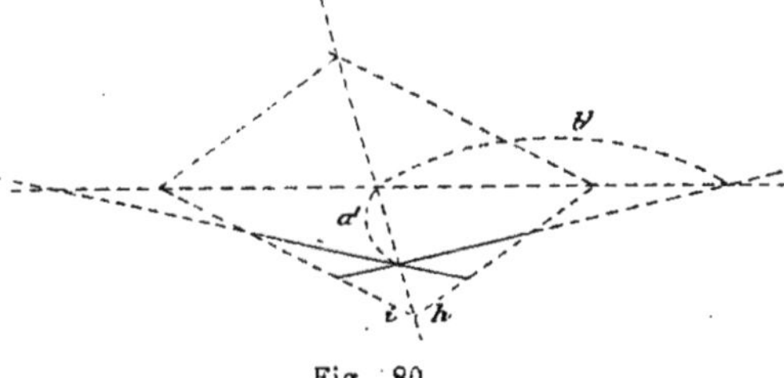

Fig. 80.

relatives des caractéristiques de la facette modifiante.

De plus, ces modifications se présentent différemment, sui-

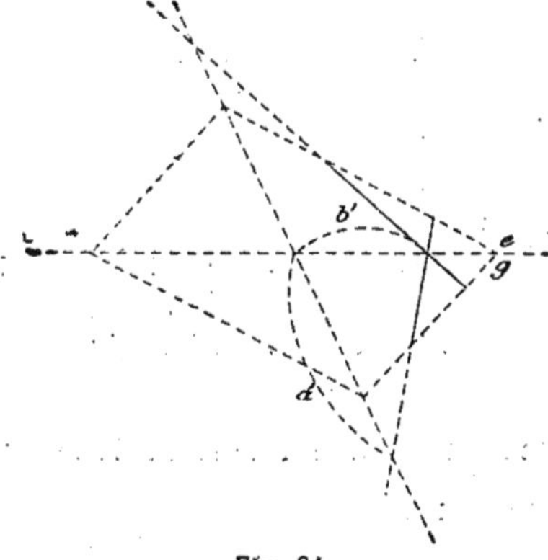

Fig. 81.

vant que l'un des axes est rencontré dans sa partie positive ou dans sa partie négative.

Il y a donc lieu de distinguer les cas suivants :

$$h > k \quad \begin{cases} k > o \text{ Modification sur } h \text{ inclinée à droite} \\ k < o \quad\quad — \quad\quad\quad — \quad\quad\quad \text{à gauche} \end{cases}$$
en valeur absolue.

$$h < k \quad \begin{cases} k > o \text{ Modification sur } g \text{ inclinée en avant} \\ k < o \quad\quad — \quad\quad\quad — \quad\quad\quad \text{en arrière} \end{cases}$$

Couples h^x *et* ^xh. — Ils correspondent aux cas :

$$h > k \text{ et } k \gtrless 0$$

$$\text{Symboles} \begin{cases} \text{Miller.} \ldots \quad (h\,\overset{\pm}{k}\,0) \\ \text{Weiss.} \ldots \quad \dfrac{k}{h}\,a : b \text{ ou } b' : \propto c \\ \text{Lévy} \ldots \quad h^x \text{ ou } ^xh \end{cases}$$

Couples g^x *et* ^xg. — Ils correspondent aux cas :

$$h < k \qquad k \gtrless 0$$

$$\text{Symboles} \begin{cases} \text{Miller.} \ldots \quad (h\,\overset{\pm}{k}\,0) \\ \text{Weiss.} \ldots \quad \dfrac{k}{h}\,a : b \text{ ou } b' : \propto c \\ \text{Lévy} \ldots \quad g^x \text{ ou } ^xg \end{cases}$$

Toutes ces faces sont évidemment en zone avec celles des prismes fondamentaux.

Couples b^x, c^x, d^x *et* f^x. — Lorsque les modifications sur les quatre groupes d'arêtes horizontales sont inclinées, c'est-à-dire lorsque l'axe vertical devient pc, on obtient quatre couples de faces octaédriques parallèles deux à deux.

	SYMBOLES			
	b^x	c^x	d^x	f^x
Miller	$(\bar{1}\ \bar{1}\ l)$	$(1\ \bar{1}\ l)$	$(1\ 1\ l)$	$(\bar{1}\ 1\ l)$
Weiss	$a' : b' : \frac{1}{l}c$	$a : b' : \frac{1}{l}c$	$a : b : \frac{1}{l}c$	$a' : b : \frac{1}{l}c$
Lévy . .	$b^x = b^{\frac{l}{2}}$	$c^x = c^{\frac{l}{2}}$	$d^x = d^{\frac{l}{2}}$	$f^x = f^{\frac{l}{2}}$

L'ensemble des quatre formes holoèdres équiparamètres de

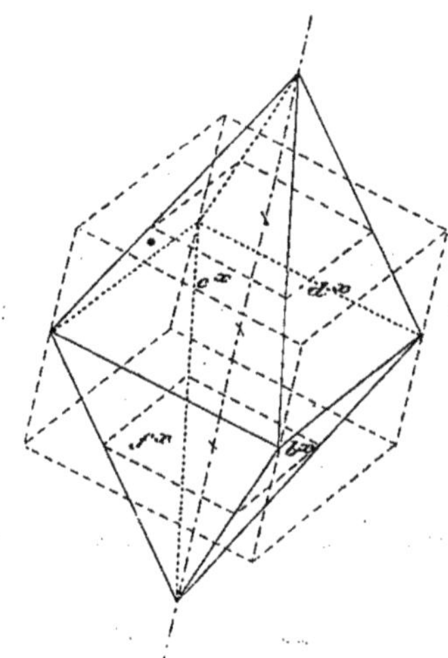

Fig. 82.

cette espèce constitue un octaèdre dérivé dont les faces sont deux par deux en zone avec les faces correspondantes de l'octaèdre fondamental.

Demi-Dômes a^x, e^x, i^x et o^x. — Les modifications sur les angles solides étant inclinées sur l'axe vertical seulement, qui devient pc pendant que les axes horizontaux gardent, l'un sa

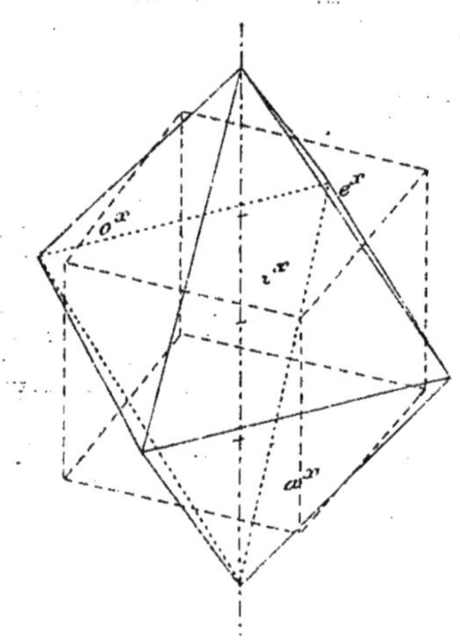

Fig. 83.

valeur, l'autre une valeur infinie, on obtient quatre demi-dômes formant un octaèdre dont les faces sont en zone avec celles de l'octaèdre fondamental correspondant.

	SYMBOLES			
	a^x	e^x	i^x	o^x
Miller	$(\overline{1}\,0\,l)$	$(0\,1\,l)$	$(1\,0\,l)$	$(0\,\overline{1}\,l)$
Weiss	$a':\infty b:\frac{1}{l}c$	$\infty a:b:\frac{1}{l}c$	$a:\infty b:\frac{1}{l}c$	$\infty a:b':\frac{1}{l}c$
Lévy	$a^x = a^l$	$e^x = e^l$	$i^x = i^l$	$o^x = o^l$

Modifications quelconques sur les angles. — Les paramètres de la modification sont devenus : ma, nb, pc.

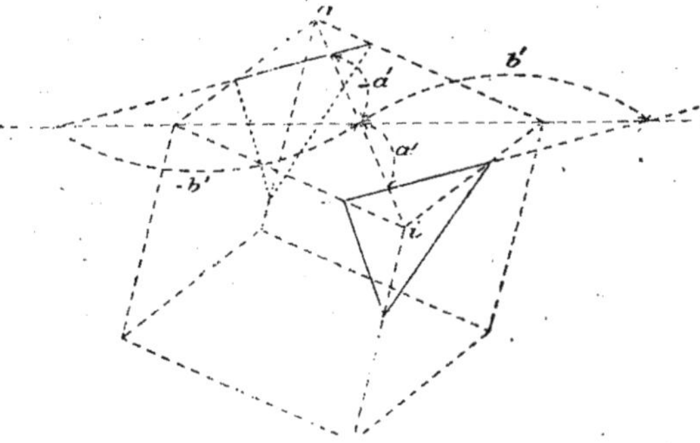

Fig. 84.

Elle porte sur l'une des quatre sortes d'angles et s'incline dans un sens ou dans l'autre, suivant les valeurs relatives des

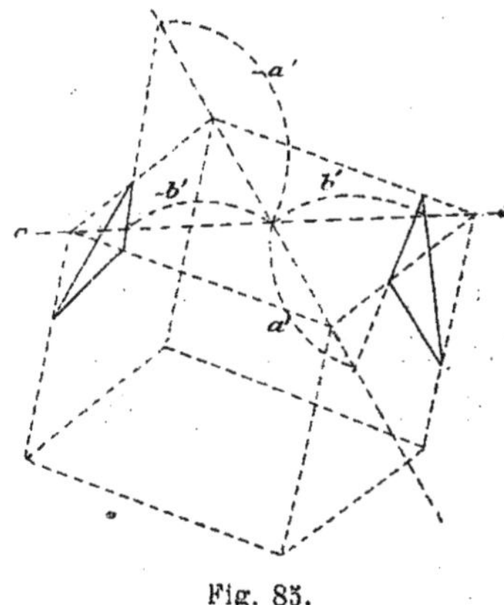

Fig. 85.

caractéristiques horizontales m et n ou $\dfrac{1}{h}$ et $\dfrac{1}{k}$ et suivant leurs valeurs absolues.

Il y a donc lieu de distinguer les cas suivants :

$$h > k \text{ en valeur absolue} \begin{cases} k > 0 \begin{cases} h > 0 \quad \text{Modification sur } i \text{ inclinée à droite} \\ h < 0 \quad\qquad — \qquad\quad \text{sur } a \qquad\qquad — \end{cases} \\ k < 0 \begin{cases} h > 0 \quad \text{Modification sur } i \text{ inclinée à gauche} \\ h < 0 \quad\qquad — \qquad\quad \text{sur } a \qquad\qquad — \end{cases} \end{cases}$$

$$h < k \begin{cases} k > 0 \begin{cases} h > 0 \quad \text{Modification sur } e \text{ inclinée en avant} \\ h < 0 \quad\qquad — \qquad\quad \text{sur } e \quad — \quad \text{en arrière} \end{cases} \\ k < 0 \begin{cases} h > 0 \quad\qquad — \qquad\quad \text{sur } o \quad — \quad \text{en avant} \\ h < 0 \quad\qquad — \qquad\quad \text{sur } o \quad — \quad \text{en arrière} \end{cases} \end{cases}$$

	Symboles			
	Sur a $h > k$	Sur e $h < k$	Sur i $h > k$	Sur o $h < k$
Miller	$\left(\overline{h}\ \dfrac{\pm}{k}\ l\right)$	$\left(\dfrac{\pm}{h}\ k\ l\right)$	$\left(h\ \dfrac{\pm}{k}\ l\right)$	$\left(\dfrac{\pm}{h}\ \overline{k}\ l\right)$
Weiss	$\dfrac{k}{h}a':b \text{ ou } b':\dfrac{k}{l}c$	$\dfrac{k}{h}(a \text{ ou } a'):b:\dfrac{k}{l}c$	$\dfrac{k}{h}a:b \text{ ou } b':\dfrac{k}{l}c$	$\dfrac{k}{h}(a \text{ ou } a'):b':\dfrac{k}{l}c$
Lévy	$\begin{cases} b^x\ f^y\ h^z \\ f^x\ b^y\ h^z \end{cases}$	$\begin{cases} f^x\ d^y\ g^z \\ d^x\ f^y\ g^z \end{cases}$	$\begin{cases} d^x\ c^y\ h^z \\ c^x\ d^y\ h^z \end{cases}$	$\begin{cases} c^x\ b^y\ g^z \\ b^x\ c^y\ g^z \end{cases}$

Dans la notation de Lévy, on convient de commencer par l'arête qui a la plus faible caractéristique.

L'hémiédrie n'existe pas dans le système triclinique.

CHAPITRE IX

Système rhomboédrique-hexagonal

On considère souvent le prisme hexagonal droit et régulier comme une forme fondamentale, et on en fait la base d'un septième système cristallin, renfermant trois axes horizontaux à 120° les uns des autres et un axe vertical.

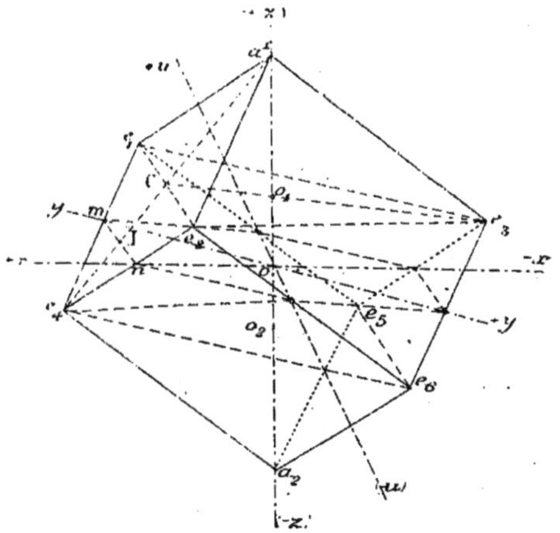

De la sorte, les rhomboèdres peuvent être considérés comme des hémiédries des doubles pyramides hexagonales dérivées du prisme.

Mais, comme nous verrons que toutes

Fig. 86.

les formes hexagonales peuvent se déduire du rhomboèdre

par des modifications rationnelles, il devient inutile de les considérer comme ayant une existence indépendante.

Ce solide est constitué par :

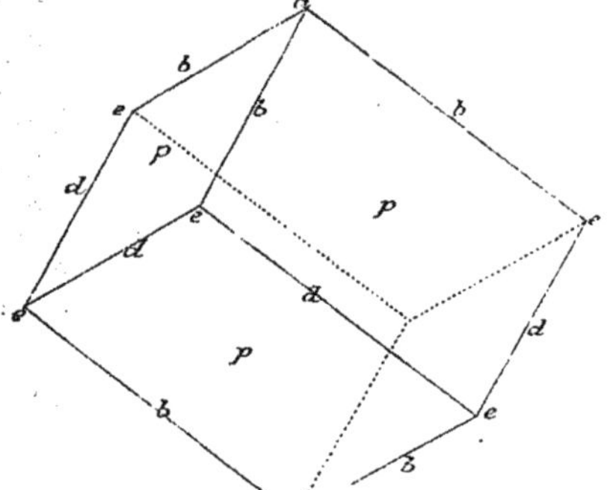

Fig. 87.

6 faces rhombiques égales p
6 arêtes aigues ou obtuses b
6 arêtes obtuses ou aigues d
2 angles solides homogènes a
6 angles solides hétérogènes e

La forme est différente suivant la constitution des angles solides.

$$1° \begin{cases} \text{2 angles solides.} - \text{3 angles plans obtus.} - \text{Homogènes} \\ \text{6 angles solides} \begin{cases} \text{1 angle plan obtus} \\ \text{2 } - \text{ aigus} \end{cases} \text{Hétérogènes} \end{cases}$$

$$2° \begin{cases} \text{2 angles solides.} - \text{3 angles plans aigus.} - \text{Homogènes} \\ \text{6 angles solides} \begin{cases} \text{1 angle plan aigu} \\ \text{2 } - \text{ obtus} \end{cases} \text{Hétérogènes} \end{cases}$$

En plaçant le rhomboèdre de façon que la ligne qui joint les deux sommets homogènes a soit verticale, il est facile de se rendre compte qu'elle forme un axe de symétrie ternaire.

On appelle alors :

Les angles a. . . . Angles aux sommets culminants.
Les angles e. . . . id. latéraux.
Les arêtes b. . . . Arêtes culminantes.
Les arêtes d. . . . Arêtes latérales.

Les milieux des six arêtes latérales sont dans un plan

horizontal passant par le milieu de l'axe vertical ; en les joignant deux à deux, on obtient un hexagone régulier dont les trois diamètres passant par les sommets opposés constituent trois axes égaux qui, joints à l'axe vertical, forment le système d'axes de Bravais, auquel il est commode de rapporter les formes, surtout au point de vue du calcul.

Lévy et Miller ont adopté pour axes les trois arêtes aboutissant à un sommet hétérogène e.

Nous symboliserons les différentes formes à l'aide des caractéristiques correspondant aux quatre axes de Bravais et à l'aide de la notation si claire de Lévy.

FORMES FONDAMENTALES

Afin de conserver l'homogénéité dans la nomenclature des systèmes cristallins, nous conviendrons de ne considérer comme formes fondamentales, dans le système rhomboédrique, que celles dont les caractéristiques par rapport aux axes de Bravais sont 1 ou 0.

Proto-rhomboèdre ou rhomboèdre direct. — Les trois plans diagonaux passant par les arêtes culminantes opposées sont verticaux et se coupent suivant l'axe vertical ; on les appelle sections principales cristallographiques.

En joignant e_1, e_2, e_3 d'une part, et e_4, e_5, e_6 de l'autre, on obtient deux triangles équilatéraux horizontaux et égaux, coupant l'axe vertical en trois parties égales $a_1 o_1$, $o_1 o_2$ et $o_2 a_2$; le centre o se trouve au milieu du segment $o_1 o_2$.

Les rayons tels que $o_1 e_3$ prolongés passent par le centre C de la face opposée.

La parallèle oI menée du centre o à la ligne $o_1 C$ rencontre la diagonale $a_1 e_4$ aux $\frac{3}{4}$ de sa longueur à partir du sommet culminant.

$$\text{Symboles} \begin{cases} \text{Bravais.} \ldots \ldots \quad (01\bar{1}1) \\ \text{Lévy} \ldots \ldots \ldots \quad p \end{cases}$$

OBSERVATION. — Les trois axes horizontaux de Bravais étant ox, oy, ou et l'axe vertical oz, on convient d'écrire dans le même ordre les caractéristiques de la face rencontrant les deux premiers dans leur partie positive, ou seulement la partie positive de l'un d'eux si elle est parallèle à l'autre.

Les lettres h, k, r et l serviront conformément à l'usage à désigner les caractéristiques correspondantes des formes dérivées.

Bases a^1. — Elles proviennent de modifications tangentes sur les deux angles a; ce sont les triangles équilatéraux $e_1 e_2 e_3$ et $e_4 e_5 e_6$.

$$\text{Symboles} \begin{cases} \text{Bravais.} \ldots \ldots \quad (0001) \\ \text{Lévy} \ldots \ldots \ldots \quad a^1 \end{cases}$$

Prisme hexagonal e^2. — Il dérive de modifications sur les angles e parallèles à l'axe vertical; les arêtes d sont alors rencontrées à la même distance 1 et l'arête culminante b à une distance différente $\frac{1}{2}$.

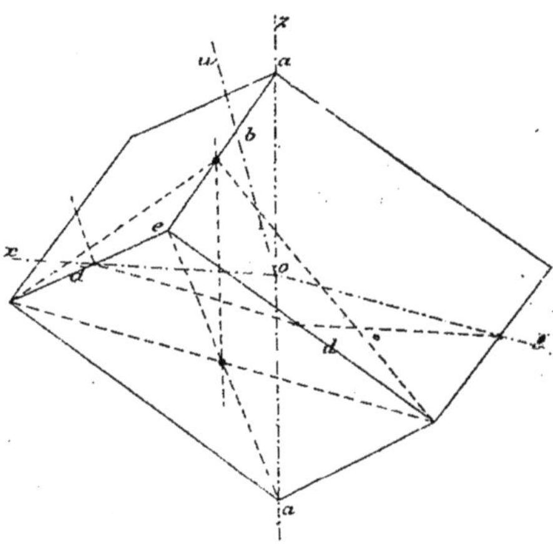

Fig. 88.

$$\text{Symboles} \begin{cases} \text{Bravais.} \ldots \ldots \quad (10\bar{1}0) \\ \text{Lévy} \ldots \ldots \quad e^2 \end{cases}$$

Rhomboèdre inverse $e^{\frac{1}{2}}$. — On appelle solide inverse par rapport au solide fondamental, considéré comme direct, tout polyèdre qui en dérive en remplaçant ses arêtes par des faces et réciproquement. Lorsqu'au contraire les faces modifiantes du solide dérivé affectent des angles plans et non plus des arêtes, il reste direct par rapport à la forme fondamentale.

Le rhomboèdre $e^{\frac{1}{2}}$ provenant de modifications sur les angles e qui interceptent une longueur 1 sur l'arête b et des longueurs $\frac{1}{2}$ sur les arêtes d, supprime donc les arêtes culmi-

nantes du protorhomboèdre et remplace ses faces par de nouvelles arêtes à 60° des anciennes ; il lui est d'ailleurs identique

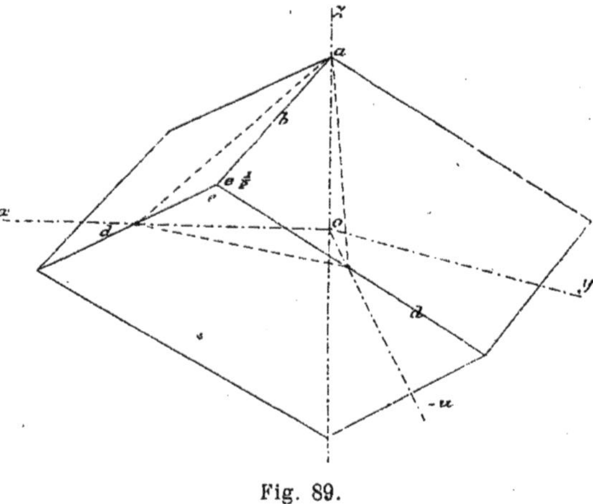

Fig. 89.

et leur ensemble constituerait une double pyramide fondamentale hexagonale.

$$\text{Symboles} \begin{cases} \text{Bravais} \ldots \ldots \ldots & (10\overline{1}1) \\ \text{Lévy} \ldots \ldots \ldots & \overline{e^2} \end{cases}$$

FORMES DÉRIVÉES

Rhomboèdres directs et inverses a^x. — Si les angles a
sont modifiés par des facettes inclinées sur l'une des trois
arêtes seulement, la symétrie exige qu'il s'en produise une
sur chacune d'elles, en haut comme en bas ; on obtient alors
un solide rhomboédrique.

Deux cas sont à considérer :

1° Le paramètre inégal est plus petit que les deux autres. — Rh. direct.

2° — — est plus grand — — Rh. inv.

Il est facile de trouver que les caractéristiques de Bravais

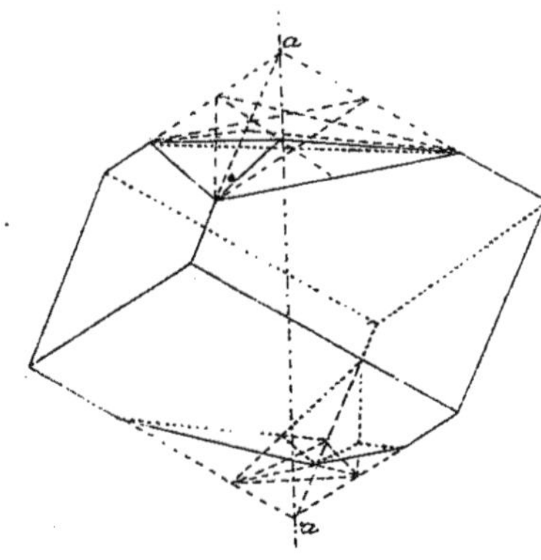

Fig. 90.

doivent satisfaire dans ces deux cas aux conditions suivantes :

$$\text{Rhomb. direct} \ldots \ldots \quad k = r \quad l > 2k$$
$$\text{Rhomb. inverse} \ldots \ldots \quad h = r \quad l > h$$

$$\text{Symboles} \begin{cases} \text{Bravais} \begin{cases} \text{Direct.} \ldots \ldots \ldots (0k\bar{r}l) \\ \text{Inverse} \ldots \ldots (h0\bar{r}l) \end{cases} \\ \text{Lévy.} \ldots \ldots \ldots \ldots a^x \end{cases}$$

Le résultat de la superposition des deux rhomboèdres a^x serait une double pyramide hexagonale.

Scalénoèdres b^x, b^y, b^z. — Lorsque les angles a sont modifiés par des facettes inégalement inclinées sur les trois arêtes, il s'en développe deux symétriquement placées par rapport à chacune d'elles, et le solide résultant est un polyèdre à douze faces, appelé scalénoèdre.

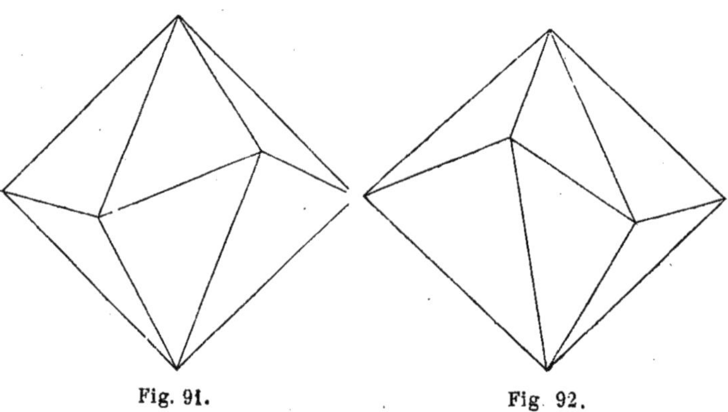

Fig. 91. Fig 92.

Il est direct ou inverse suivant les valeurs relatives des caractéristiques.

$$\text{Direct.} \quad r + k = -h \qquad k - l - r < 0$$
$$\text{Inverse.} \quad r + h = -k \qquad h + l + 2r > 0$$

$$\text{Symboles} \begin{cases} \text{Bravais.} \quad (h\bar{k}\bar{r}l) \\ \text{Lévy} \quad b^x b^y b^z \end{cases}$$

Rhomboèdres directs et inverses e^x. — Nous savons qu'une modification sur e est parallèle à l'axe lorsqu'elle intercepte une longueur 1 sur les arêtes d et une longueur $\frac{1}{2}$ sur l'arête b. Il s'ensuit que toute modification pour laquelle le rapport des deux premiers paramètres au second $\dfrac{1}{\frac{1}{2}} = 2$

sera plus petit que 2, ira couper l'axe vertical du même côté

que l'arête b corres-
pondante en la sup-
primant, ce qui en-
gendrera un solide
inverse, et du côté
opposé en rempla-
çant une face, ce
qui engendrera un
solide direct lorsque
ce rapport sera plus
grand que 2.

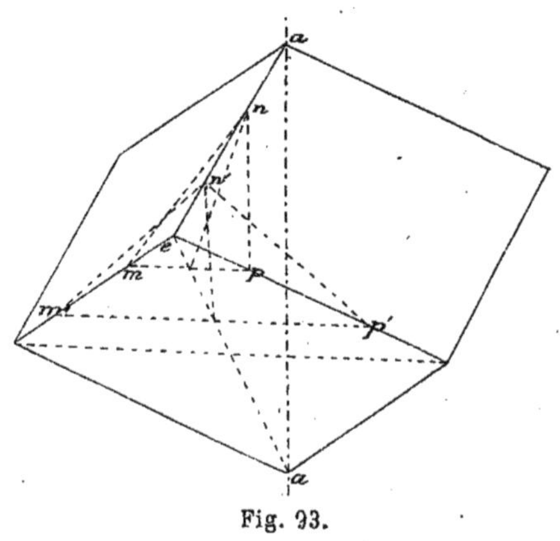

Fig. 93.

$$\text{Symboles} \begin{cases} \text{Bravais} \begin{cases} \text{Direct.} \dots \quad (0\bar{k}rl) \begin{cases} k = r \\ 2k > l \end{cases} \\ \text{Inverse} \dots \quad (h\bar{0}rl) \begin{cases} r = h \\ h > l \end{cases} \end{cases} \\ \text{Lévy} \dots \dots \dots \quad e^x \end{cases}$$

L'ensemble des deux rhomboèdres e^x constituerait encore
une double pyramide à 6 faces.

Le prisme hexagonal e^2 et le rhomboèdre $e^{\frac{1}{2}}$ que nous
avons rangés parmi les formes fondamentales, ne sont donc
en réalité que des cas particuliers des rhomboèdres e^x.

Si les trois paramètres deviennent égaux entre eux, on
obtient le rhomboèdre inverse e^1 dont le symbole est : $(20\bar{2}1)$

Scalénoèdres inverses $b^x\, d^y\, d^z$ **et directs** $b^x\, b^y\, d^z$. —
Des facettes quelconques modifiant les angles e se développent au nombre de deux symétriquement par rapport
à chaque arête b. On obtient ainsi des scalénoèdres directs

ou inverses, suivant que l'intersection des facettes rencontre l'axe vertical en sens contraire de l'arête b correspondante ou dans le même sens.

$$\text{Symboles}\begin{cases}\text{Bravais}\begin{cases}\text{Direct. . .}\quad(hk\bar{r}l)\begin{cases}r+k=-h\\k>l+r\end{cases}\\[1em]\text{Inverse . .}\quad(hk\bar{r}l)\begin{cases}r+k=-h\\h+l+2r<0\\2h+l-r<0\end{cases}\end{cases}\\[2em]\text{Lévy. . }\begin{cases}\text{Direct. . .}\quad b^x b^y d^z\\\text{Inverse . .}\quad b^x d^y d^z.\end{cases}\end{cases}$$

Prismes dodécagonaux. — Ce sont des cas particuliers des scalénoèdres précédents. Ils se produisent lorsque l'intersection de chaque couple de modifications devient parallèle à l'axe vertical.

$$\text{Symboles}\begin{cases}\text{Bravais. . .}\quad(hk\bar{r}0)\begin{cases}r+k=-h\end{cases}\\[1em]\text{Lévy . . . .}\quad b^x d^y d^z\quad z=x-y\end{cases}$$

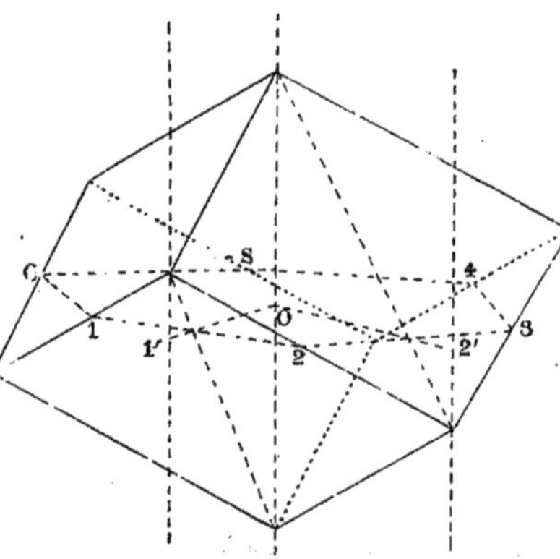

Prisme hexagonal d^1. — Il résulte des modifications tangentes sur les six arêtes d, et qui sont évidemment parallèles à l'axe vertical.

$$\text{Sym-}\begin{cases}\text{Bravais . .}\quad(11\bar{2}0)\\\text{Lévy. . . .}\quad d^1\end{cases}\text{boles}$$

Fig. 91.

Scalénoèdres d^x. — Quand les modifications sur les arêtes d sont inclinées, il s'en développe deux symétriquement situées par rapport à chaque arête, et l'on obtient des scalénoèdres.

$$\text{Symboles} \begin{cases} \text{Bravais}. . . & (hk\bar{r}l) \\ \text{Lévy} . . . & d^x \end{cases} \begin{cases} r + h = -k \\ h + l + 2r = 0 \end{cases}$$

Rhomboèdre inverse b^1. — Les modifications tangentes sur les six arêtes culminantes b engendrent le rhomboèdre inverse b^1.

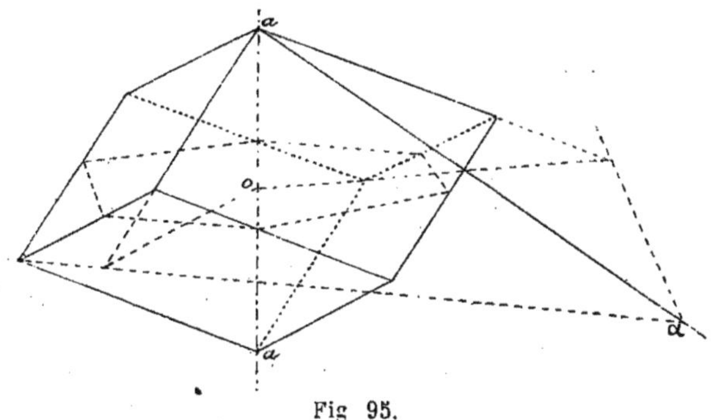

Fig 95.

$$\text{Symboles} \begin{cases} \text{Bravais}. . . . . . . & (10\bar{1}2) \\ \text{Lévy} . . . . & b^1 \end{cases}$$

Scalénoèdres directs et inverses b^x. — Ils proviennent de modifications inclinées sur les arêtes b.

Deux cas sont à considérer :

$$b > 2d \quad \text{Scalénoèdres inverses}$$
$$b < 2d \quad \quad — \quad \quad \text{directs}$$

$$
\text{Symboles}
\begin{cases}
\text{Bravais}
\begin{cases}
\text{Directs} \ldots (hk\bar{r}l)
\begin{cases}
r + k = -h \\
k = l + r
\end{cases} \\[2ex]
\text{Inverses} \ldots (hk\bar{r}l)
\begin{cases}
h + l = -2r \\
r + h = -k
\end{cases}
\end{cases} \\[4ex]
\text{Lévy} \ldots\ldots\ldots\ldots b^x
\end{cases}
$$

Telles sont les formes holoèdres fondamentales et dérivées du système rhomboédrique (les doubles pyramides hexagonales sont composées, quand on les considère comme dérivant du rhomboèdre).

On aurait pu faire une étude particulière des formes hexagonales, en les rapportant aux axes de Bravais et en partant du prisme e^2, par exemple, choisi comme solide fondamental.

De la sorte on retrouverait :

Le prisme d^1 à l'aide de modifications tangentes sur les arêtes latérales ;

Les prismes dodécagones, par des modifications inclinées sur les mêmes arêtes ;

Les pyramides hexagonales, qui deviendraient ici des formes holoèdres, par des modifications tangentes ou inclinées sur l'axe vertical seulement, soit des douze arêtes horizontales, soit des douze angles solides. Les pyramides dodécagonales qui, dans le système rhomboédrique, sont doublement composées (superposition de deux pyramides hexagonales différentes) par des modifications inclinées sur les angles solides.

Rien n'empêcherait alors de considérer les formes rhomboédriques comme des hémiédries des formes hexagonales.

FORMES HÉMIÈDRES DU SYSTÈME RHOMBOÉDRIQUE

Hémiédrie à faces inclinées. – Prismes triangulaires.
Les prismes hexagonaux, par la disparition des faces opposées
à celles qui subsistent de deux en deux, donnent lieu à des
faces de prisme triangulaire qu'on rencontre fréquemment
dans certaines espèces. La superposition des deux solides
hémièdres conjugués régénère évidemment la forme holoèdre.

$$\text{Symboles}\begin{cases}\text{Bravais}\dots\dots\begin{cases}x\,(10\bar{1}0)\\ x\,(11\bar{2}0)\end{cases}\\[2em]\text{Lévy}\dots\dots\dots\begin{cases}\dfrac{1}{2}\,e^2\\[1em]\dfrac{1}{2}\,d^1\end{cases}\end{cases}$$

Hémi-scalénoèdres. — Les
scalénoèdres d^x fournissent aussi
des exemples d'hémiédrie inclinée, par la suppression alterna-
tive d'une face en haut et en bas.
A chaque forme hémièdre correspond encore une forme conjuguée
superposable.

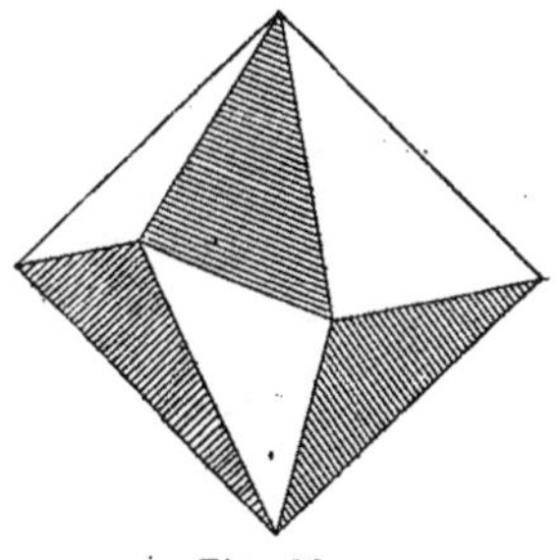

Fig. 96.

$$\text{Symboles}\begin{cases}\text{Bravais}\dots\dots\dots\ x\,(hk\bar{r}l)\\[1em]\text{Lévy}\dots\dots\dots\ \dfrac{1}{2}\,d^x\end{cases}$$

**Hémiédrie à faces parallèles. — Hémiprismes dodé-
cagonaux.** — Par la conservation d'un groupe sur deux
des faces opposées, dans les prismes dodécagonaux, on obtient
des prismes hexagonaux qui se distinguent facilement des prismes e^2 et d^1 par leur position qui n'est plus symétrique par
rapport aux axes horizontaux.

$$\text{Symboles} \begin{cases} \text{Bravais.} \ldots \ldots \pi\left(hk\bar{r}0\right) \\ \text{Lévy.} \ldots \ldots \frac{1}{2}\, b^x d^y d^z \end{cases}$$

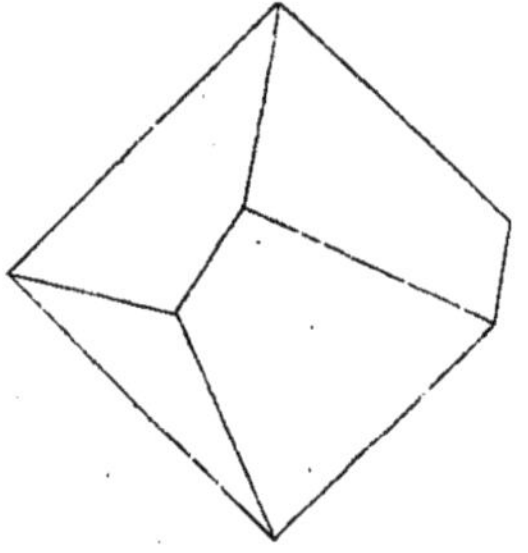

Fig. 97.

Hémiédrie plagièdre. —
Le cristal de roche est fréquemment affecté par ce genre
d'hémiédrie. L'une des extrémités du cristal est modifiée par
l'un des hémi-scalénoèdres dérivés des angles e, et l'autre extré-
mité par son conjugué.

$$\text{Symboles} \begin{cases} \text{Bravais} \ldots \ldots \pi \times \begin{pmatrix} b^x d^y d^z \\ b^x b^y d^z \end{pmatrix} \\ \text{Lévy} \ldots \ldots \frac{1}{2}\begin{pmatrix} b^x d^y d^z \\ b^x b^y d^z \end{pmatrix} \end{cases}$$

Formes hémimorphiques. — Un assez grand nombre
de cristaux présentent aussi ce genre de modifications qui
consiste, comme on sait, en ce qu'aux extrémités d'un même
axe les modifications sont de nature différente, c'est-à-dire
appartenant les unes à une forme et les autres à une autre.

CHAPITRE X

Représentation, par le dessin, des formes cristallines

Étant donné un cristal, il est bon d'en savoir faire un croquis, au moins approximatif, qui facilite le choix des éléments immédiatement utilisables dans le calcul. Plus tard on en pourra faire une représentation exacte, précisément à l'aide des résultats de ce calcul.

Projection perspective. — Nos figures relatives aux formes fondamentales et dérivées des six systèmes cristallins sont des vues perspectives permettant de se faire une idée rapide et suffisante de l'ensemble du polyèdre.

La mise en perspective d'un corps consiste à reproduire sur le papier l'aspect qu'il offre à l'œil supposé situé en un certain point de l'espace qu'on appelle *point de vue*.

Pour fixer les idées, supposons que l'on ait affaire à une figure triangulaire ABC. Il est évident que l'aspect de ce triangle change avec la position O du point de vue.

Menons les rayons visuels OA, OB, OC passant par les trois sommets. Tous les triangles tels que A′B′C′, dont les sommets sont situés sur les mêmes directions, présentent à l'œil un aspect identique ; le triangle A′B′C′ s'appelle projection perspective du triangle ABC par rapport au plan P qu'on appelle tableau.

Le papier sur lequel on représente une vue perspective est donc choisi comme tableau.

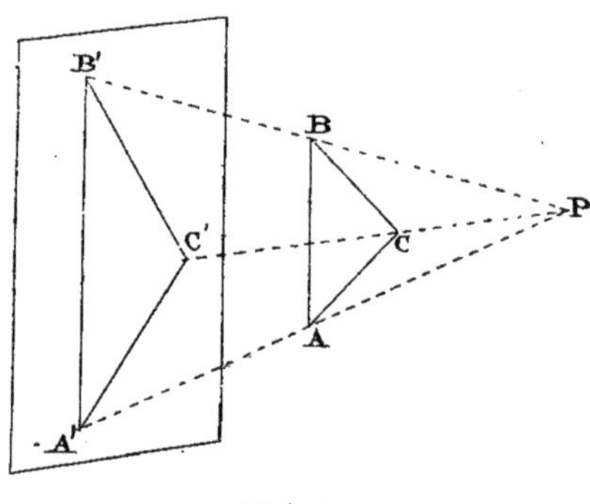

Fig. 98.

Le tableau restant fixe, la vue perspective change évidemment, soit lorsque le point de vue se déplace par rapport au corps, soit lorsque le corps se déplace par rapport au point de vue.

Or, pour qu'une vue perspective donne une notion suffisamment nette de l'ensemble de toutes les facettes d'un cristal, il est indispensable que le point de vue soit convenablement choisi par rapport au tableau adopté et aux axes coordonnés du solide.

Dans les systèmes à axes rectangulaires, on choisit généralement pour tableau, soit le plan de l'une des faces, soit l'un des plans diagonaux.

Dans les systèmes à axes obliques, on peut adopter soit ceux-ci, soit des plans parallèles aux arêtes latérales ou perpendiculaires aux bases.

Quant au point de vue, on doit le supposer placé en un point tel qu'aucune des dimensions du solide ne soit vue par trop en raccourci.

C'est afin de réaliser cette condition que :

Dans le système cubique, ayant choisi pour tableau le plan coordonné $xoz = (100)$, nous avons supposé l'œil à une grande distance en avant du solide et dans le trièdre antérieur-supérieur-droit.

Dans le système quadratique (conventions identiques), le dessin eût été tout aussi lisible en choisissant pour tableau le plan coordonné $xoz = (100)$.

Dans le système orthorhombique, nous avons adopté pour tableau le plan coordonné $yoz = (100) = h^1$ et pour point de vue un point situé dans le trièdre antérieur-supérieur-gauche.

Dans les systèmes monoclinique et triclinique, le point de vue étant resté le même que dans le système orthorhombique, nous avons pris comme tableau, pour le premier, un plan parallèle aux arêtes latérales et à l'une des diagonales de la base, et pour le second un plan perpendiculaire aux bases.

Enfin, dans le système rhomboédrique, le tableau étant perpendiculaire à l'axe $(+ u, - u)$ le point de vue a été choisi au-dessus du plan horizontal et à droite du plan coordonné uoz.

La représentation perspective qui a le grand avantage de parler immédiatement aux yeux, lorsque le point de vue a été convenablement choisi, présente l'inconvénient de ne pas toujours se prêter facilement au calcul cristallographique, surtout lorsque le cristal est fortement modifié.

C'est pourquoi on a imaginé de projeter stéréographiquement non plus les faces et les arêtes, mais les pôles de ces faces par rapport à une sphère décrite autour du centre du cristal.

De la sorte, les arcs de grands cercles compris entre deux

pôles quelconques sont supplémentaires de l'angle des faces correspondantes, et un angle solide du cristal est représenté par un triangle sphérique polaire de celui que détermineraient sur la sphère les trois faces prolongées.

On a donc ainsi sous la main tous les éléments du calcul, d'autant plus que les côtés des triangles sphériques sont précisément les angles tels que les donnent les goniomètres à réflexion.

Projection stéréographique. — On appelle projection stéréographique d'un point A d'une sphère sur le plan d'un grand cercle quelconque MN, le point a d'intersection de ce plan avec la ligne PA joignant le point A au pôle opposé du grand cercle.

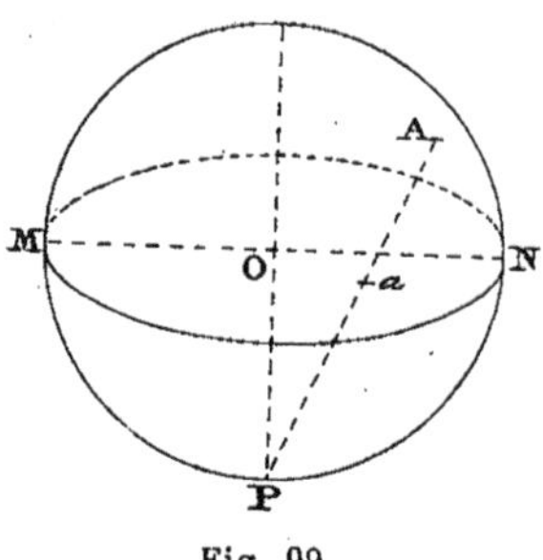

Fig. 99.

Le point a n'est donc en réalité que la projection perspective du point A sur le tableau MN, le point de vue étant P.

On démontre facilement que :

1° Tous les grands cercles de la sphère situés d'une façon quelconque par rapport au tableau ont pour projection stéréographique des arcs de cercle d'un rayon plus grand que la sphère et coupant le tableau suivant des diamètres ;

2° Tous les grands cercles perpendiculaires au tableau ont pour projection des diamètres de son cercle, ce qui n'est d'ailleurs qu'un cas particulier du précédent.

Or, nous savons que la forme holoèdre la plus simple est constituée par deux faces parallèles entre elles ; tout cristal pourra donc se partager en deux moitiés symétriques, de façon que les pôles situés sur une seule demi-sphère suffiront à une détermination complète de sa forme.

On fait alors une projection stéréographique de cette demi-sphère sur le grand cercle qui lui sert de base.

Le plan du tableau est évidemment tout à fait arbitraire; d'habitude on choisit le grand cercle passant par les pôles de deux des trois plans coordonnés: $xoy = (001) = p$, $xoz = (010) = g^1$, $yoz = (100) = h^1$.

Adoptons celui qui passe par les pôles de g^1 et de h^1 et considérons le cas le plus général de trois axes obliques quelconques.

Les projections des pôles H et G sont sur le cercle du tableau

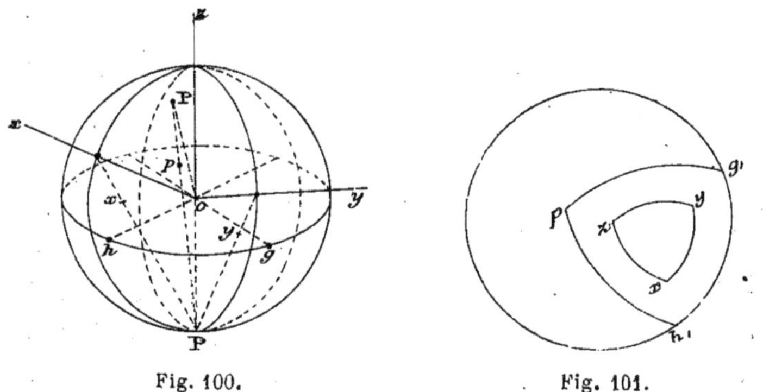

Fig. 100.   Fig. 101.

en h et g, et le plus petit des arcs hg est supplémentaire de l'angle h^1g^1.

Celle du pôle P du plan coordonné p est en p à l'intérieur du cercle.

La projection du triangle sphérique PHG est donc le triangle phg dont seul le côté hg a pour rayon celui de la sphère.

Les trois axes coordonnés rencontrent la sphère en trois points X, Y, Z qui déterminent un triangle sphérique XYZ polaire du triangle PHG ; sa projection stéréographique xyz est un triangle à côtés curvilignes appartenant à des cercles de rayons différents et plus grands que celui de la sphère.

Toutes les faces situées sur une même zone ont leurs pôles sur un même grand cercle dont la projection renferme également celle de tous ces pôles.

Une simple inspection de la figure permet donc de reconnaître immédiatement les différentes zones; ainsi, dans le prisme triclinique, les faces octaédriques qui affectent les arêtes b et d sont en zone avec les bases p ; elles seront donc représentées sur le tableau de la projection stéréographique par les deux points b et d situés sur un arc de cercle passant par p et coupant le cercle du tableau en deux points diamétralement opposés.

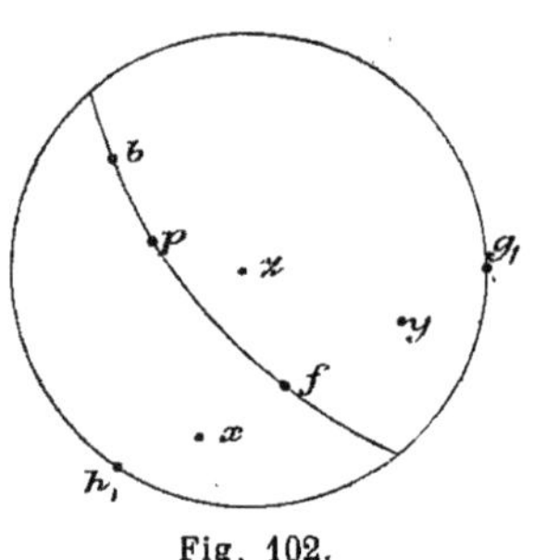

Fig. 102.

Lorsque les facettes du cristal sont ainsi représentées par leurs pôles, on reconnaît facilement, avec un peu d'habitude, d'abord les angles qu'il sera utile de mesurer, ensuite les triangles sphériques à résoudre pour arriver le plus directement au résultat.

CHAPITRE XI

But et marche du calcul cristallographique

Détermination du système. — Étant donné un cristal, la première chose à faire est de reconnaître le système auquel il se rapporte.

La forme cubique présente une symétrie telle qu'elle apparaît généralement au premier coup d'œil; d'ailleurs, les facettes semblables (je ne dis pas égales, car il arrive le plus souvent que les modifications se produisent à des distances inégales du centre et sont par suite inégalement développées) sont situées parallèlement, par groupes de deux, aux extrémités de trois directions rectangulaires, quelque complexe que soit le cristal.

S'il présente en particulier des modifications isolées sur les angles de la forme cubique, et que l'on mesure l'angle de deux de ces facettes, on le trouvera voisin de 70° 30′, angle de l'octaèdre régulier à faces équilatères.

La forme quadratique, qu'on pourrait confondre de prime abord avec la précédente, s'en distingue par une valeur différente de l'angle des faces octaédriques et par leur inégale inclinaison sur les arêtes du protoprisme.

De plus on reconnaît que, dans deux zones à axes horizontaux rectangulaires, les angles semblablement placés ont la même valeur, et que dans une zone à axe vertical, c'est-à-dire normale aux deux premières, tous les angles sont droits.

La forme orthorhombique, dans laquelle les axes sont encore rectangulaires, se reconnaît à ce qu'il y existe deux zones rectangulaires à axes horizontaux dans chacune desquelles il y a répétition d'angles différents (octaèdres sur les angles) et deux autres zones à axes horizontaux obliques, fournissant chacune la répétition des mêmes angles (faces octaédriques sur les arêtes horizontales).

La forme monoclinique ne peut être confondue avec les précédentes qui renferment au moins trois plans de symétrie. On la distingue de la forme triclinique en mettant en évidence l'existence d'un plan de symétrie. Pour cela il suffit de constater l'égalité d'inclinaison sur le plan $h^1 = (100) = yoz$, des modifications analogues situées à droite et à gauche de l'arête h.

Le même fait ne se produisant pas pour l'arête g, par rapport au plan g^1, le plan h^1 est bien l'unique plan de symétrie du cristal.

L'existence de deux zones inclinées l'une sur l'autre (zones m) dans lesquelles il y a répétition d'angles identiques ou de pointements trifaciaux pour lesquels deux faces sont de 90° et la troisième plus grande ou plus petite que 90° (faces h^1 et g^1), permettrait encore de reconnaître le système monoclinique.

La forme triclinique est décelée par l'absence complète de

plan de symétrie, ce qui entraîne l'inégalité des angles dans toutes les zones prises deux à deux, ou encore l'inégalité d'inclinaison d'une facette, prise dans une certaine zone, sur les faces voisines situées semblablement à droite et à gauche.

Enfin, les formes rhomboédriques et hexagonales sont aussi faciles à reconnaître, à première vue, que les formes cubiques; on y découvre toujours, en effet, des modifications semblables et semblablement placées par une rotation de 120° autour d'un axe convenablement choisi.

Choix des axes coordonnés. — Une fois le système cristallin bien déterminé, il importe d'adopter des axes coordonnés en rapport avec son genre de symétrie.

Pour les trois premiers systèmes, le choix d'axes coordonnés rectangulaires s'impose.

Pour le système monoclinique, on peut adopter, soit les directions des trois arêtes du protoprisme (à base rhombique), soit celles du second prisme (h^1, g^1) (à base rectangle) dont l'une est perpendiculaire au plan des deux autres.

Quant au prisme triclinique, dont la forme n'est plus astreinte à aucune condition restrictive, il laisse entière liberté de choisir pour directions d'axes celles des trois arêtes d'un pointement trifacial quelconque.

Néanmoins, certaines considérations que nous ne développerons pas ici engagent à prendre de préférence celles qui forment des angles plans aussi voisins que possible de 90°.

Détermination des valeurs relatives des axes cristallographiques, et par suite de la forme fonda-

mentale. — Le problème offre une complication très différente suivant le système auquel le cristal se rapporte.

1° *Il est cubique.* — Les trois axes sont rectangulaires et égaux entre eux, c'est-à-dire qu'on a :

$$\alpha = \beta = \gamma = 90°$$

et

$$a = b = c$$

ou

$$1 = 1 = 1$$

en prenant b pour unité.

Le problème ne comporte donc la détermination d'aucune inconnue.

2° *Quadratique.* — On a encore :

$$\alpha = \beta = \gamma = 90°$$

et

$$a = b \gtrless c$$

ou

$$1 = 1 \gtrless c$$

c'est-à-dire que la question ne comporte que la détermination de l'inconnue c.

Il ne faudrait pas croire que, si le cristal présentait à la fois des bases p et des pans h^1, il suffirait pour avoir c de prendre le rapport entre les distances des faces p d'une part et des faces h^1 d'autre part. Une forme prismatique n'est point, en effet, une forme fermée ; les faces parallèles peuvent se produire à des distances quelconques du centre, ce qui revient à dire que lorsqu'elles se présentent à l'état de facettes elles peuvent avoir des dimensions fort différentes, en haut et en bas, à droite et à gauche, en avant et en arrière.

La seule chose qui reste invariable pour une espèce déterminée, c'est l'angle d'une certaine modification avec les axes.

Or parmi toutes les faces inclinées sur l'axe vertical, on est libre d'en choisir une quelconque comme appartenant à l'octaèdre fondamental. Toutes les autres, c'est-à-dire celles d'inclinaison différente, deviennent par ce fait des faces octaédriques dérivées.

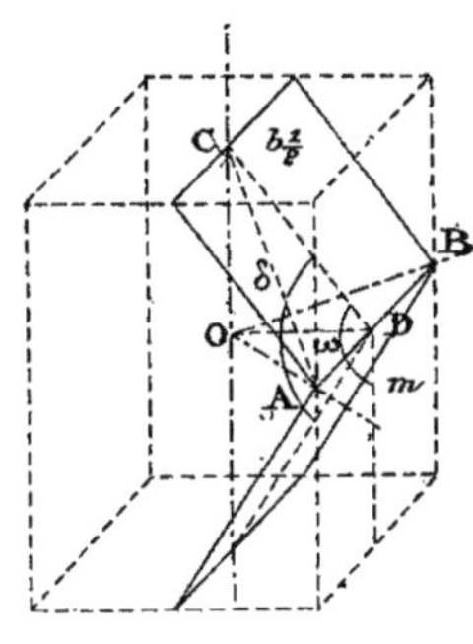

Fig. 103.

Adoptons donc la facette ABC ; l'axe c, c'est-à-dire la demi-hauteur du prisme fondamental, sera donné par le rapport $\dfrac{OC}{OA} = \dfrac{OC}{OB}$.

Une seule mesure d'angle suffit à la détermination de ce rapport, celle du dièdre $m, b^{\frac{1}{2}} = \omega$ par exemple, car on a dans le triangle rectangle COD :

$$CDO = \omega - 90°$$

et, par conséquent :

$$\frac{OC}{OD} = -\, \text{cotg. } \omega$$

Mais

$$OD = OE \sin 45° = \frac{OA}{\sqrt{2}}$$

Donc :

$$\frac{OC}{OA} = -\frac{\cot g.\ \omega}{\sqrt{2}} = c$$

Si la face octaédrique est considérée comme modifiant l'angle a du prisme fondamental, c'est-à-dire si on lui donne pour symbole a^1, l'angle $a^1, p = \varepsilon$ qu'elle fait avec la base p donne encore immédiatement le résultat.

On a en effet :

$$c = \operatorname{tg} \varepsilon.$$

3° *Orthorhombique.* — On y a :

$$\alpha = \beta = \gamma = 90°$$

avec

$$a \gtrless b \gtrless c$$

ou

$$a \gtrless 1 \gtrless c$$

La question comporte donc la détermination des deux inconnues a et c.

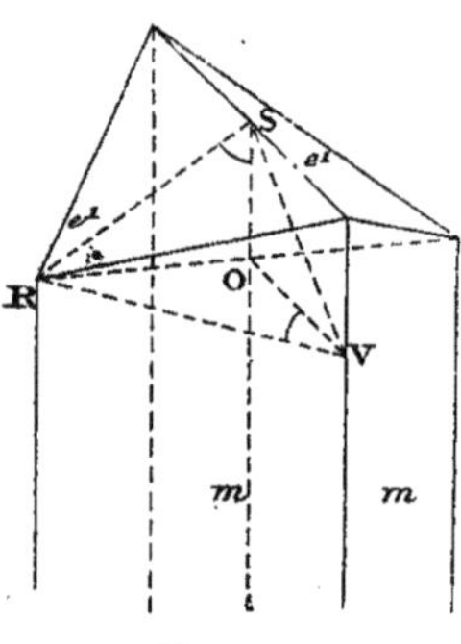

Fig. 104.

La mesure de deux angles différents, n'ayant entre eux aucune dépendance, suffit pour obtenir le résultat.

Les formes prismatiques seules sont évidemment impuissantes à fournir ces deux angles; l'existence d'une face octaédrique au moins est indispensable.

Supposons d'abord qu'il existe sur le cristal des faces

prismatiques m et des faces octaédriques sur les angles e, que nous adopterons comme fondamentales en les notant e^1.

On mesurera les angles m, m et e^1, e^1.

Le triangle rectangle RSO donne, en remarquant que son angle

$$RSO = \frac{e^1 e^1}{2},$$

$$SO = c = RO \text{ cotg.} \frac{e^1 e^1}{2}$$

Mais

$$RO = b = 1$$

Donc

$$c = \text{cotg.} \frac{e^1 e^1}{2}$$

Par ailleurs, le triangle rectangle ROV, dans lequel

$$RVO = \frac{mm}{2}$$

nous donne

$$OV = a = RO \text{ cotg} \frac{mm}{2} = \text{cotg} \frac{mm}{2}$$

Les faces octaédriques a^1 accompagnées des mêmes faces prismatiques donneraient lieu à un calcul analogue.

Si les faces prismatiques ont complètement disparu, sous l'influence du développement des faces octaédriques que nous considérerons, par exemple, comme modifications des arêtes horizontales, en les notant $b^{\frac{1}{2}}$, il suffira de mesurer deux angles adjacents de la pyramide supérieure.

Soient ω et δ les valeurs trouvées.

Une sphère décrite du point P comme centre coupe le trièdre UOPV suivant le triangle sphérique RST dans lequel on a :

$$T = \frac{\omega}{2} \quad R = \frac{\delta}{2} \quad S = 90°$$

On en conclut :

$$\cos \rho = \frac{\cos R}{\sin T} = \frac{\cos \frac{\delta}{2}}{\sin \frac{\omega}{2}} \qquad \text{et } \cos \tau = \frac{\cos T}{\sin R} = \frac{\cos \frac{\omega}{2}}{\sin \frac{\delta}{2}}$$

Connaissant maintenant les angles aigus ρ et τ des deux

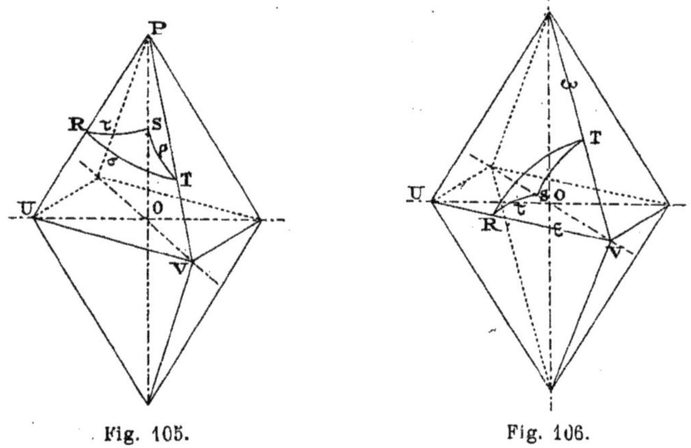

Fig. 105.   Fig. 106.

triangles rectilignes rectangles POV et POU, on en déduit :

$$PO = c = OU \text{ cotg. } \tau = \text{cotg } \tau$$

puisque
$$OU = b = 1$$
$$OV = a = c \text{ tg. } \rho = \text{cotg } \tau \text{ tg } \rho .$$

On obtiendrait aussi facilement le résultat en partant des

angles formés par une face avec ses adjacentes de la même pyramide d'une part et de l'autre pyramide d'autre part.

Soient ω et ε ces deux angles.

On a, dans le triangle sphérique rectangle RST :

$$S = 90^\circ \qquad T = \frac{\omega}{2} \qquad R = \frac{\varepsilon}{2}$$

et il donne

$$\cos \rho = \frac{\cos \frac{\varepsilon}{2}}{\sin \frac{\omega}{2}} \qquad \cos \tau = \frac{\cos \frac{\omega}{2}}{\sin \frac{\varepsilon}{2}}$$

Du triangle rectiligne rectangle UOV on déduit :

$$OV = a = OU \, \text{cotg.} \, \tau = \text{cotg.} \, \tau. \quad (OU = 1)$$

et du triangle de même nature POV :

$$PO = c = OV \, \text{tg} \, \rho = \text{cotg} \, \tau. \, \text{tg.} \, \rho.$$

La considération des projections stéréographiques des pôles faciaux et des arcs de cercle qui les joignent en formant des triangles curvilignes, projections des triangles sphériques polaires de ceux que nous avons considérés, amènerait à des résultats identiques. Un peu d'habitude est cependant nécessaire pour découvrir rapidement sur ce genre de figures les triangles immédiatement utiles.

Il n'a été représenté, sur la figure, que les projections des pôles appartenant aux formes fondamentales dont nous avons fait usage.

La connaissance des angles permet de fixer exactement et par des calculs simples la position de ces projections.

Supposons par exemple qu'on ait mesuré l'angle des deux

facettes $e^1, e^1 = \omega$ et qu'on veuille déterminer la projection de leurs pôles.

Ils sont évidemment symétriquement situés sur un diamètre horizontal, et leur distance au centre seule est inconnue.

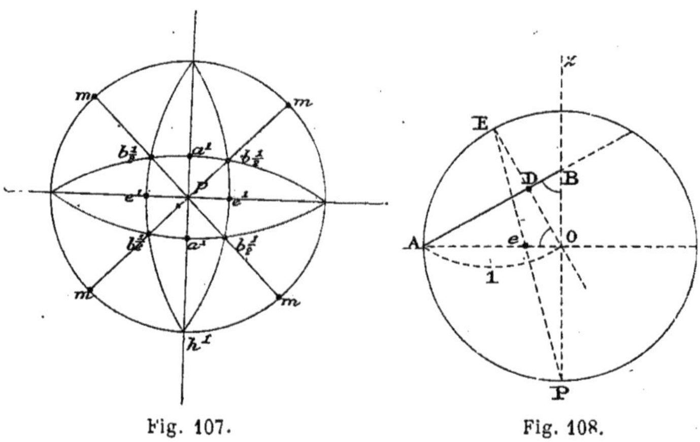

Fig. 107.   Fig. 108.

La modification e^1 a pour trace, sur le plan coordonné yoz, la ligne AB, et dans le triangle rectangle AOB on connaît :

$$AO = 1 \text{ et } ABO = \frac{\omega}{2}$$

P étant le point de vue, e est la projection stéréographique du pôle E de la face et la ligne à calculer est eO.

Mais on a :

$$EOA = ABO = \frac{\omega}{2}$$

Le triangle OEP étant isocèle, on conclut facilement :

$$E = 45° - \frac{\omega}{4}$$

et, dans le triangle E*e*O :

$$e = 135° - \frac{\omega}{4}$$

On connaît donc, dans ce triangle, un côté $OE = b = 1$ et les deux angles adjacents, et il permet de calculer O*e*.

La position des autres projections se déterminerait d'une façon analogue.

4° *Monoclinique*. — Il répond aux conditions :

$$\gamma = \beta = 90° \quad \alpha \gtrless 90°$$

$$a \gtrless 1 \gtrless c$$

et la question comporte la détermination des trois inconnues :

$$\alpha, \quad a \quad \text{et} \quad c.$$

La mesure de trois angles sans dépendances mutuelles est ici nécessaire, et comme les formes prismatiques sont incapables de les fournir, l'existence d'une face octaédrique est encore indispensable à la détermination de la forme fondamentale.

Admettons d'abord que le cristal présente une facette sur l'angle i. Nous la noterons i^1 et nous mesurerons les trois angles :

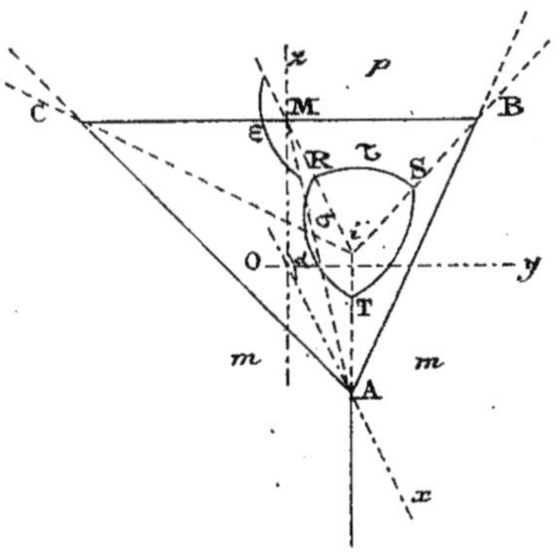

Fig. 109.

$$m,p = \omega \quad m,m = \delta \quad p,i = \varepsilon$$

Dans le triangle sphérique RST rectangle en R, on connaît les deux angles :

$$S = \omega \quad \text{et} \quad T = \frac{\delta}{2}$$

On en tire :

$$\cos \sigma = \frac{\cos S}{\sin T} = \frac{\cos \omega}{\sin \dfrac{\delta}{2}}$$

$$\cos \tau = \frac{\cos T}{\sin S} = \frac{\cos \dfrac{\delta}{2}}{\sin \omega}$$

Or,

$$\alpha = \sigma.$$

Le triangle rectiligne rectangle MBi, dans lequel on connaît MB $= b = 1$ et l'angle τ, donne :

$$Mi = a = \text{cotg. } \tau$$

Quant à l'axe $c = $ OM $=$ Ai, on le conclut du triangle rectangle MiA dans lequel on connaît M$i = a$ et l'angle iMA $= 180 - \varepsilon$.

On obtient ainsi :

$$C = a \text{ tg } \varepsilon$$

Parmi tous les cas particuliers qui peuvent se présenter nous choisirons encore le suivant.

Le cristal ne présente que des faces octaédriques suffisamment développées pour faire disparaître les bases et les faces prismatiques.

S'il existe plusieurs octaèdres superposés, que nous supposerons être des octaèdres $b^x d^x$, on adoptera l'un d'eux comme forme fondamentale, on notera ses faces $b^{\frac{1}{2}}$ et $d^{\frac{1}{2}}$, puis on mesurera les trois angles :

$$b^{\frac{1}{2}}, b^{\frac{1}{2}} = \omega \qquad d^{\frac{1}{2}}, d^{\frac{1}{2}} = \delta \qquad b^{\frac{1}{2}}, d^{\frac{1}{2}} = \varepsilon$$

Le triangle sphérique RST, dans lequel on connaît les trois angles

$$R = \frac{d^{\frac{1}{2}} d^{\frac{1}{2}}}{2} = \frac{\delta}{2} \qquad S = b^{\frac{1}{2}} d^{\frac{1}{2}} = \varepsilon$$

et

$$T = \frac{b^{\frac{1}{2}} b^{\frac{1}{2}}}{2} = \frac{\omega}{2}$$

peut être résolu et donne cos. τ et cos σ.

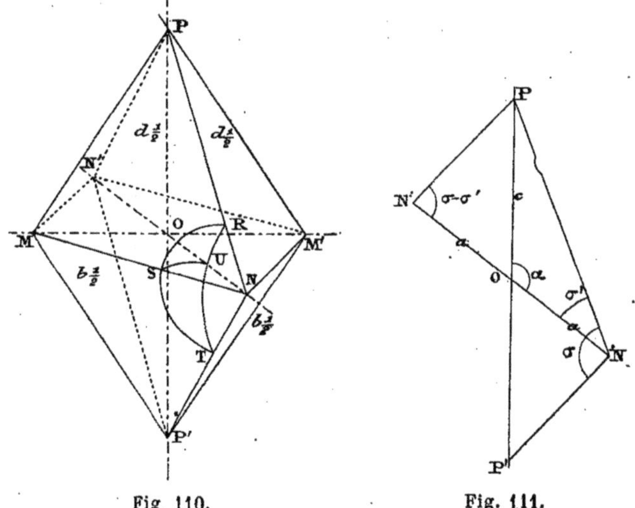

Fig 110.   Fig. 111.

Mais τ est l'hypothénuse du triangle sphérique, rectangle en U, RSU dans lequel on connaît aussi l'angle $R = \dfrac{\delta}{2}$; en le résolvant, on obtient :

$$OS = \rho \qquad \text{et} \qquad OR = \sigma'$$

Dans le triangle rectiligne rectangle MON on connaît donc l'angle aigu ρ et le côté $MO = b = 1$, on en conclut :

$$a = \cotg \rho$$

Considérons maintenant le triangle NN'P ; on y connaît

$$NN' = 2a \qquad PNN' = \sigma'$$

et

$$PN'N = N'NP' = \sigma - \sigma'$$

En le résolvant on obtiendra facilement α et c.

Toute autre combinaison de facettes donnerait lieu à des calculs du même genre dont il sera toujours facile de découvrir la marche.

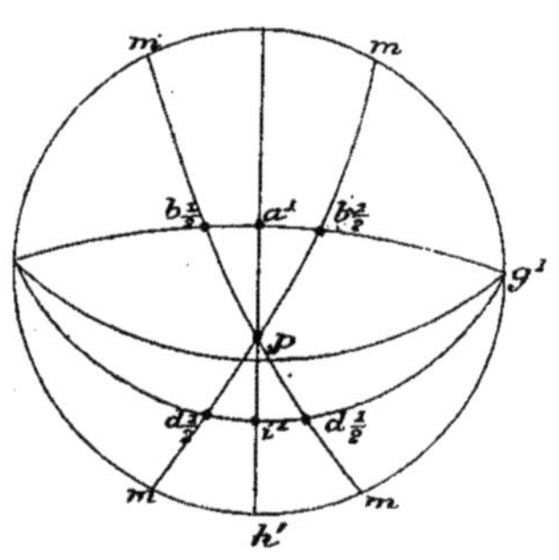

Fig. 112.

On peut d'ailleurs s'aider de la projection stéréographique dessinée d'avance par à peu près.

Les faces m étant en zone avec les faces h^1 et g^1, leurs pôles sont sur le grand cercle du tableau.

Par suite de nos conventions, la projection du pôle p de la base se fait sur la verticale du centre et au-dessous de lui.

La figure représente les projections des pôles des facettes fondamentales du système et celle des cercles de zone.

5° *Triclinique*. — Les cristaux de ce système répondent aux conditions:

$$\alpha \gtrless \beta \gtrless \gamma \qquad a \gtrless 1 \gtrless c$$

et le problème exige la détermination des cinq inconnues : α, β, γ, a et c et par conséquent la mesure de cinq angles indépendants.

Le cristal ne pourra donc être déterminé que si, après avoir choisi trois de ses faces inclinées (1) comme plans coordonnés, il y existe au moins une facette coupant ces trois axes.

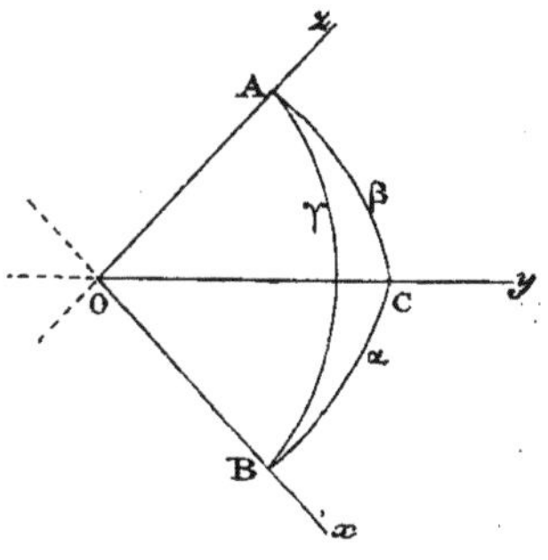

Fig. 113.

La mesure des trois angles

$$A = h'g' \qquad B = g'p \qquad C = h'p$$

permettra de résoudre le triangle sphérique ABC par les formules :

$$\cos A = - \cos B \cos C + \sin B \sin C \cos \alpha$$
$$\cos B = - \cos A \cos C + \sin A \sin C \cos \beta$$
$$\cos C = - \cos A \cos B + \sin A \sin B \cos \gamma$$

(1) Il est bon de choisir comme plans coordonnés trois facettes se coupant sous des angles plans aussi voisins que possible de 90°; cela permet de retrouver les mêmes axes pour deux cristaux de même espèce et d'établir des rapprochements souvent intéressants entre deux ou plusieurs cristaux d'espèces différentes.

c'est-à-dire de déterminer les angles des axes α, β et γ.

Cela étant, on oriente l'angle solide formé par ces trois faces de façon que les arêtes occupent la position que nous avons adoptée pour les axes du système triclinique.

Dès lors, on peut noter la modification octaédrique dont nous avons admis l'existence.

Si elle est inclinée sur les trois axes à la fois, elle est, suivant sa position, de l'une des espèces b^x, c^x, d^x ou f^x ; si elle est parallèle à l'un d'eux, elle rentre dans l'une des catégories a^x, e^x, i^x ou o^x.

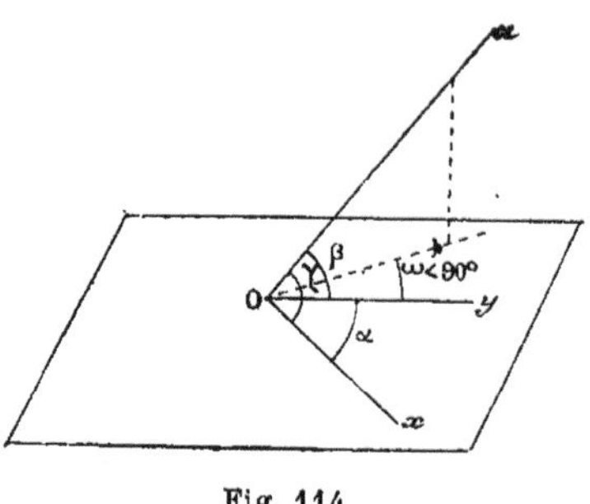

Fig. 114.

Supposons, pour fixer les idées, qu'elle coupe les trois axes dans leurs parties positives, elle est alors de l'espèce d^x et, comme nous l'adoptons pour forme fondamentale, nous la noterons $d^{\frac{1}{2}}$.

En mesurant deux des angles $pd^{\frac{1}{2}} = \omega$ et $g^1 d^{\frac{1}{2}} = \delta$ qu'elle fait avec les plans coordonnés, nous arriverons facilement à la détermination des deux dernières inconnues a et c.

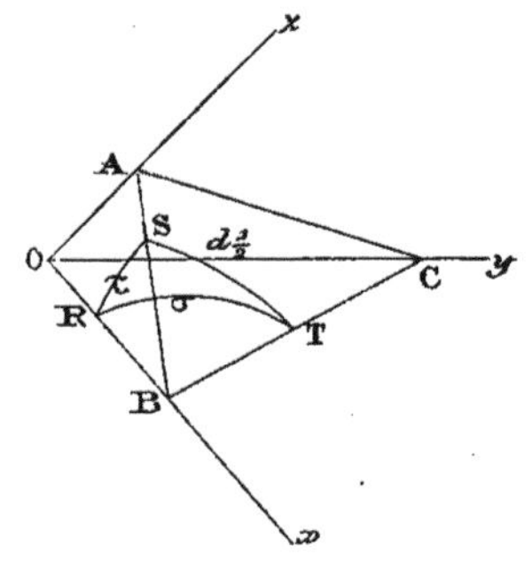

Fig. 115.

On peut en effet résoudre le triangle sphérique RST, dans lequel les trois angles sont connus, et en conclure les côtés τ et σ.

Dès lors on connaît dans le triangle rectiligne OBC un côté
$OC = b = 1$ et deux angles $BOC = \alpha$, $OBC = \sigma$.

Sa résolution fera connaître $OB = a$.

Les éléments $OB = a$, $ABO = \tau$,
$AOB = \gamma$ du triangle rectiligne
AOB permettent donc de le résoudre et d'en déduire l'axe c.

Si la facette est parallèle à l'un
des axes, ox par exemple, et
qu'elle rencontre les deux autres
dans leur partie positive, on la
notera e^1.

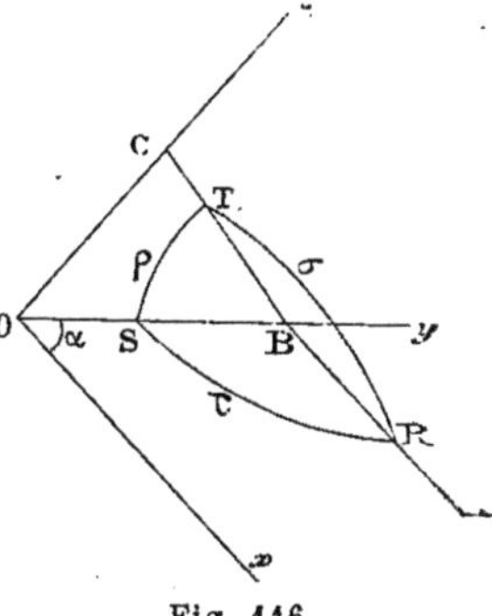

Fig. 116.

Soit CBA cette face ; on mesurera d'abord l'angle

$$AB = pe^1 = \omega.$$

Dans le triangle sphérique RST on connaît :

$$R = \omega \qquad \tau = 180 - \alpha \qquad S = ph^1 = \delta$$

c'est-à-dire un côté et les deux angles adjacents. Les formules
de Néper permettent de calculer ρ et σ.

$$\mathrm{tg.}\ \frac{\rho + \sigma}{2} = \mathrm{cotg.}\ \frac{\alpha}{2}\ \frac{\cos\dfrac{\omega - \delta}{2}}{\cos\dfrac{\omega + \delta}{2}} \quad \text{et tg}\ \frac{\rho - \sigma}{2} = \mathrm{cotg}\ \frac{\alpha}{2}\ \frac{\sin\dfrac{\omega - \delta}{2}}{\sin\dfrac{\omega + \delta}{2}}$$

Dans le triangle rectiligne OBC on connaît alors :

$$OB = b = 1 \qquad COB = \beta \qquad CBO = \rho$$

et sa résolution donne l'axe c.

La facette e^1 est impuissante à déterminer l'axe a, puisqu'elle lui est parallèle ; il est facile de se rendre compte d'ailleurs que les angles qu'elle fait avec les deux autres plans coordonnés ne sont pas indépendants de l'angle ω et que leur mesure est tout à fait inutile.

La connaissance complète de la forme fondamentale exige

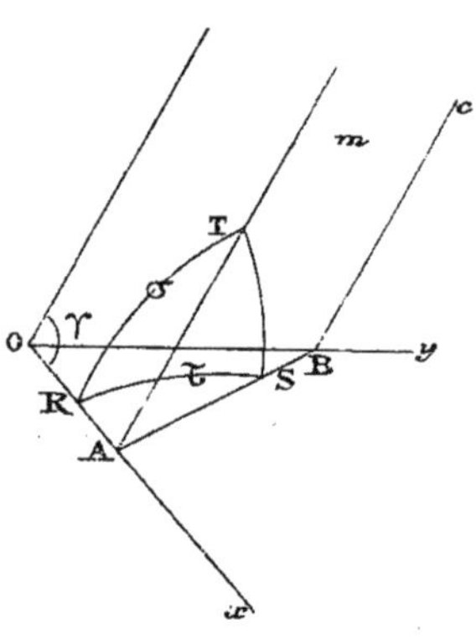

Fig. 117.

donc la présence d'une face prismatique inclinée sur les plans coordonnés h^1 et g^1, face qu'on adoptera comme pan de notation m ou l du protoprisme.

Admettons l'existence d'une pareille face et supposons qu'elle coupe les axes horizontaux dans leur partie positive : on la notera m et l'on mesurera l'angle mg^1 par exemple.

Dans le triangle sphérique RST on connait donc :

$$T = mg^1 = \omega \qquad R = pg^1 = \delta \qquad \sigma = 180 - \gamma$$

En le résolvant à l'aide des analogies de Néper, on en conclut τ.

Le triangle rectiligne OAB, dans lequel on connait :

$$OB = b = 1 \qquad BOA = \alpha \qquad OAB = \tau$$

donne alors l'axe a.

Il n'arrive pas souvent malheureusement que les cristaux naturels puissent permettre un calcul aussi simple des éléments de la forme fondamentale. Tout ou partie des faces

prismatiques peut manquer ou encore ne fournir que de
mauvaises mesures d'angles dont il est impossible de se con-
tenter. Le calcul se complique alors, comme nous allons le
constater dans l'exemple suivant.

Supposons que les faces prismatiques aient complètement
disparu sous l'influence du développement des faces octaédriques.

On considérera l'un des systèmes de ce genre de faces,
s'il en existe plusieurs, comme constituant l'octaèdre fonda-
mental $b^{\frac{1}{2}}c^{\frac{1}{2}}d^{\frac{1}{2}}f^{\frac{1}{2}}$ par exemple, et, parmi les six angles que
forment deux à deux les quatre faces se coupant à un même
sommet, on en mesurera cinq, par exemple les angles

$$c^{\frac{1}{2}}d^{\frac{1}{2}}, \quad d^{\frac{1}{2}}b^{\frac{1}{2}}, \quad b^{\frac{1}{2}}f^{\frac{1}{2}}, \quad c^{\frac{1}{2}}b^{\frac{1}{2}} \quad \text{et} \quad d^{\frac{1}{2}}f^{\frac{1}{2}},$$

formés par les faces du sommet M, et qui sont indépendants
les uns des autres, comme il est facile de le constater.

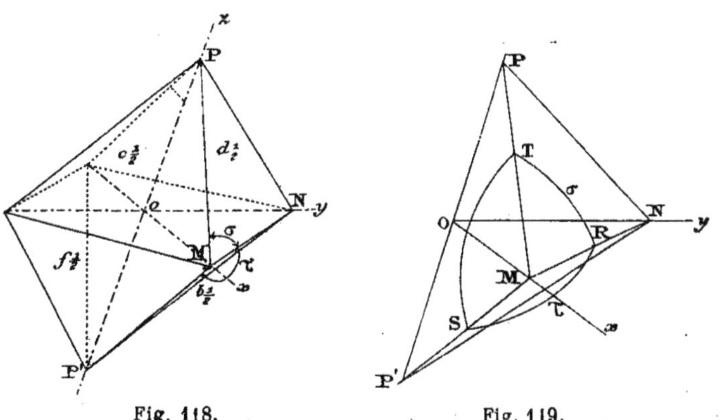

Fig. 118.   Fig. 119.

Les trois faces $c^{\frac{1}{2}}d^{\frac{1}{2}}b^{\frac{1}{2}}$, suffisamment prolongées, formeraient un trièdre dont l'angle plan σ seul appartient au cristal ; on peut le résoudre, puisqu'on en connaît les trois angles, et en conclure σ.

Les trois faces $d^{\frac{1}{2}}b^{\frac{1}{2}}f^{\frac{1}{2}}$ forment un second trièdre qui, résolu de la même façon, fait connaître l'angle plan τ.

Dès lors dans le triangle sphérique RST on connaît deux cotés et l'angle compris

$$RT = \sigma \qquad RS = \tau \qquad \text{et} \qquad R = b^{\frac{1}{2}}d^{\frac{1}{2}} = \omega$$

En le résolvant, on obtient :

$$T = d^{\frac{1}{2}}g^1 \qquad S = b^{\frac{1}{2}}g^1 \qquad \text{et} \qquad TS = \rho$$

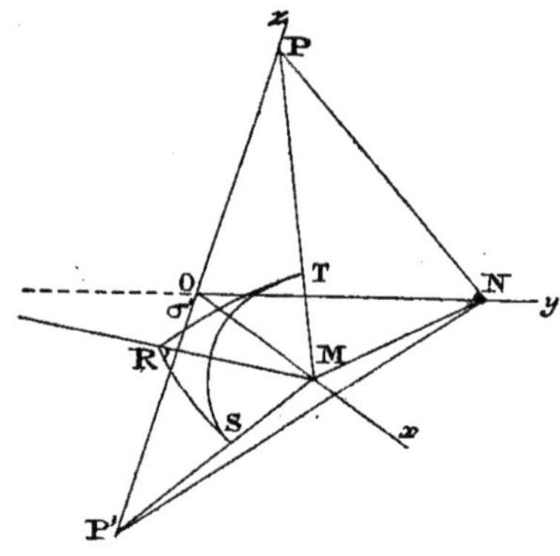

Fig. 120.

Dans le triangle sphérique TR'S on a maintenant :

$$ST = \rho \qquad T = c^{\frac{1}{2}}d^{\frac{1}{2}} - d^{\frac{1}{2}}g^1 \qquad S = f^{\frac{1}{2}}b^{\frac{1}{2}} - b^{\frac{1}{2}}g^1$$

c'est-à-dire un côté et les deux angles adjacents.

La résolution donne :

$$R'T = \sigma'$$

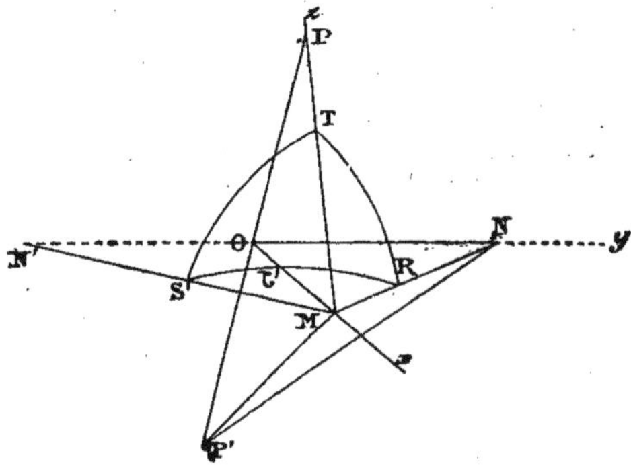

Fig. 121.

Le triangle sphérique TRS′, dans lequel on connaît :

$$T = c^{\frac{1}{2}}d^{\frac{1}{2}} \qquad TS' = \sigma' \qquad TR = \sigma$$

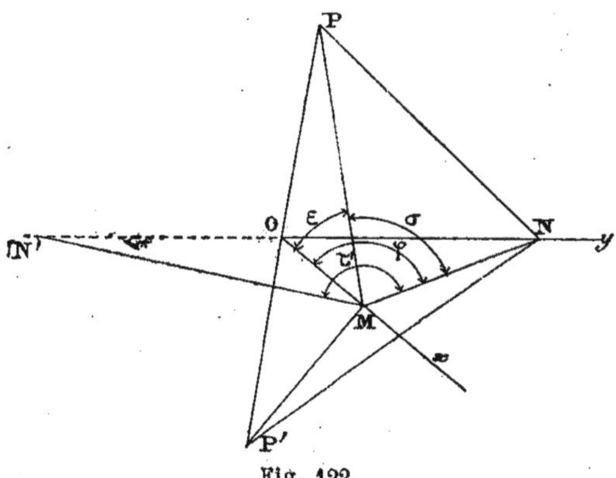

Fig. 122.

c'est-à-dire deux côtés et l'angle compris, permettra de calculer :

$$RS' = \tau' \qquad S' = c^{\frac{1}{2}}p \qquad R = d^{\frac{1}{2}}p.$$

Connaissant maintenant, dans le trièdre MOPN ou dans le triangle sphérique qui lui correspond, un côté σ et les deux angles adjacents $d^{\frac{1}{2}}g^1$ et $d^{\frac{1}{2}}p$, on calculera les deux autres côtés ε et φ et le troisième angle $pg^1 = $ OM.

Puisque, dans le triangle rectiligne NN'M, dont MO est la médiane, on connaît :

$$\tau' = \text{angle au sommet}$$
$$\varphi = \text{angle de la médiane et d'un côté adjacent}$$
$$\text{NN}' = 2\,b = 2\ \text{Base}$$

on pourra le résoudre et en conclure a et α.

Dans le triangle rectiligne PP'M on connaît maintenant :

$$a = \text{médiane}$$
$$\rho = \text{PMP}' = \text{angle au sommet}$$

$\varepsilon = $ PMO $ = $ angle de la médiane avec un côté adjacent. La résolution est donc encore possible et permet d'obtenir

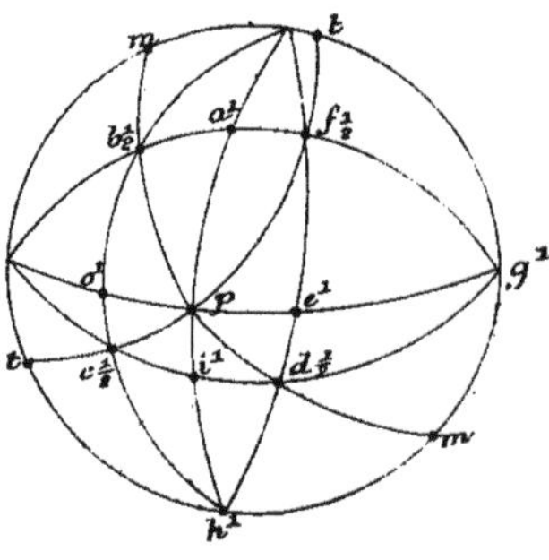

Fig. 123.

c et γ.

Enfin, connaissant dans le trièdre OPMN les côtés α, γ et l'angle compris pg^1, on en déduit finalement l'angle β.

Par la projection stéréographique des pôles des faces fondamentales du système triclinique, on arriverait encore facilement à reconnaître les triangles sphériques utiles aux calculs que nous venons d'effectuer.

6° *Rhomboédrique.* — Le problème de la détermination des

éléments de la forme fondamentale redevient ici aussi simple que dans le cas du système quadratique, puisque l'on sait que les trois axes horizontaux sont égaux et à 120° les uns des autres, et que l'axe vertical leur est perpendiculaire; la question ne comporte plus que la détermination d'une seule inconnue, celle du rapport des deux sortes d'axes.

La mesure d'un seul angle permettra d'obtenir ce résultat.

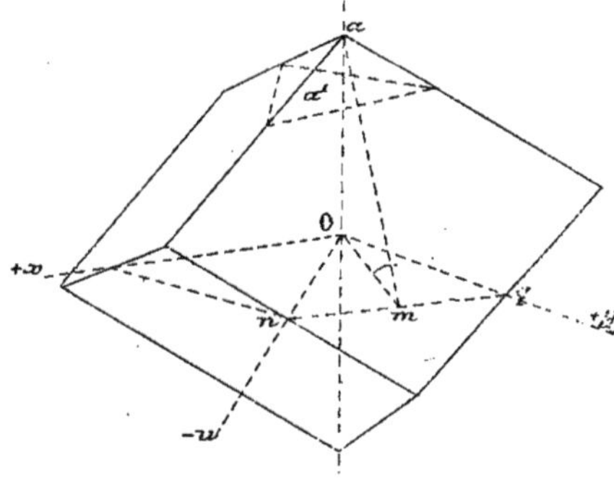

Fig. 124.

Supposons que le cristal présente à la fois les modifications a^1 et les faces rhomboédriques p.

La mesure de l'angle a^1p donne l'angle m du triangle rectangle aom; mais le triangle noq est équilatéral et de côté 1 et on en conclut :

$$om = \frac{\sqrt{3}}{2}$$

Donc, en désignant par ω l'angle m :

$$oa = c = \frac{\cot g\,\omega\,\sqrt{3}}{2}$$

Si les bases a^1 manquent, la mesure de l'angle d'une des arêtes culminantes $b = \omega$ sera suffisante.

Le plan $e_1 o a_1$ le partage en effet en deux parties égales, et dans le triangle sphérique rectangle en T,RST, on connaît :

$$R = \frac{\omega}{2} \qquad S = 60°$$

En le résolvant on obtient donc RT $= \sigma$

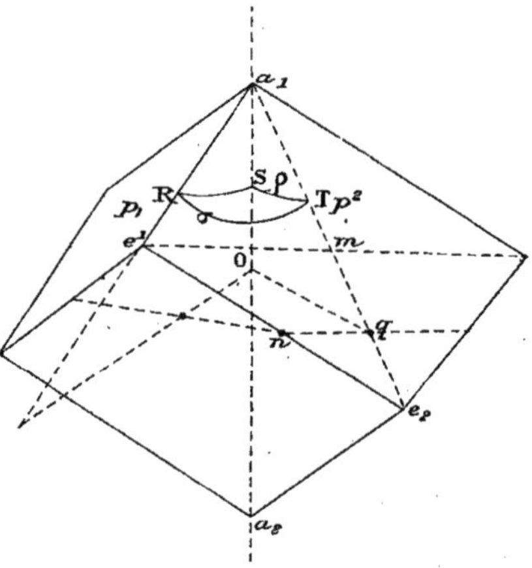

Fig 125.

Comme $e_1 m = 2 \, nq = 1$, on conclut du triangle rectiligne rectangle $a_1 e_1 m$:

$$a_1 m = \cotg \sigma$$

Mais

$$a_1 q = \frac{3}{2} a_1 m$$

donc

$$a_1 q = \frac{3 \cotg . \sigma}{2}$$

Enfin dans le triangle rectangle $a_1 oq$ on a :

$$a_1 o = c = \sqrt{\overline{oq}^2 + \overline{a_1 q}^2} = \frac{\sqrt{5 + 9 \cotg^2 \sigma}}{2}$$

on arriverait plus directement au même résultat en calculant $ST = \rho$ à l'aide du triangle RST

$$\cos \rho = \frac{\cos \dfrac{\omega}{2}}{\sin 60^\circ} = 2 \cos \frac{\omega}{2}$$

Car dans le triangle rectangle $oa_1 q$ on connaît maintenant

$$ST = \rho \quad \text{et} \quad oq = \frac{\sqrt{5}}{2}$$

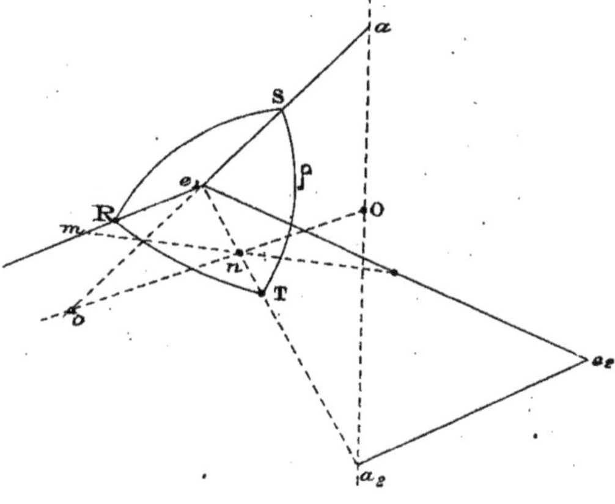

Fig. 126.

On en conclut :

$$oa_1 = c = oq \cotg \rho = \frac{\sqrt{5} \cotg \rho}{2}$$

On aurait encore pu mesurer l'angle correspondant à l'une

des arêtes latérales d ; en le désignant par ω, on connaît dans le triangle sphérique rectangle en T, RST :

$$R = \omega \quad \text{et} \quad S = \frac{1}{2}(180° - \omega) = 90° - \frac{\omega}{2}$$

puisque dans le rhombe les angles des arêtes culminantes sont supplémentaires de ceux des arêtes latérales.

En le résolvant on obtient $ST = \rho$ et $RT = \sigma$.

Avec σ on peut calculer $e_2 n$ dans le triangle rectiligne rectangle $me_1 n$, puisque $mn = \frac{1}{2}$ et par suite la ligne $na_2 = 3e_1 n$.

Dans le triangle rectangle ona_2 on connaît alors :

$$on = \frac{\sqrt{5}}{2} \quad \text{et l'hypothénuse } na_2$$

et on en conclut le côté $oa_2 = c$.

Si la forme rhomboédrique disparaissait sous l'influence du complet développement des modifications hexagonales, le calcul se ferait sans plus de difficulté.

La symétrie de ce système est telle que l'emploi de la projection stéréographique n'est d'aucun avantage.

DÉTERMINATION DES FORMES SECONDAIRES

Nous n'entrerons point dans le détail de ces calculs qui sont entièrement analogues aux précédents.

On se rappelle, en effet, qu'une modification quelconque est entièrement déterminée lorsqu'on connaît ses trois paramètres a', b', c'.

La question revient donc, dans le cas le plus général, à déterminer les longueurs interceptées sur les trois arêtes d'un trièdre dont on connaît les trois faces.

On trouvera toujours facilement, soit sur la projection perspective, soit sur la projection stéréographique, les angles utiles à mesurer et les triangles sphériques capables de faire arriver au résultat.

Les paramètres une fois calculés, on déduira les caractéristiques de la facette à l'aide des relations connues :

$$h = \frac{a}{a'} \qquad k = \frac{1}{b'} \qquad l = \frac{c}{c'}$$

en ayant soin d'adopter le rapport simple le plus voisin du quotient ainsi obtenu (loi de rationalité).

Exemple de calcul. — Supposons qu'on ait affaire à un cristal de soufre se présentant sous forme d'octaèdres superposés dérivant du système orthorhombique.

Prenons pour forme fondamentale l'octaèdre PAEA'E'.

La mesure de ses deux angles culminants

$$PA' = PA = 84°56'$$
$$FE' = PE = 106°33'$$

permettra de calculer les deux axes a et c.

Dans le triangle sphérique rectangle en T, RST, on connaît en effet :

$$R = 53°19' \qquad S = 42°28'$$

On en conclut, après résolution :

$$\cos \rho = \frac{\cos R}{\sin S} \qquad \cos \sigma = \frac{\cos S}{\sin R}$$

Dans le triangle rectiligne rectangle POA on a donc :

$$OA = 1 \qquad OPA = \rho.$$

On en tire, en effectuant les calculs :

$$c = \text{cotg. } \rho = 1{,}89620$$

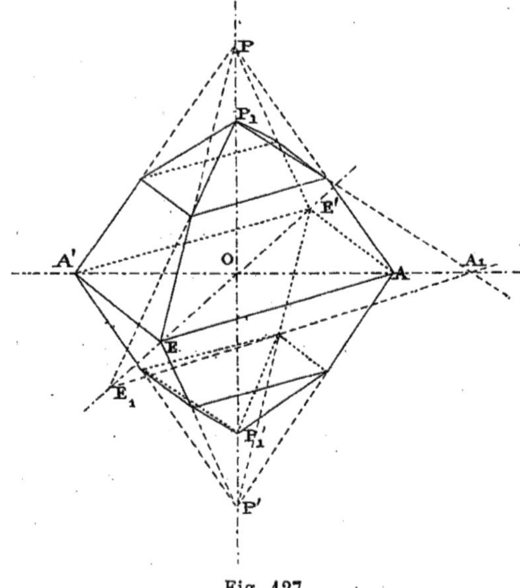

Fig. 127.

Dans le triangle rectiligne rectangle POE on a de même :

$$\frac{OE}{OP} = \frac{a}{c} = \text{tg } \sigma = 0{,}42722$$

Par suite :

$$\frac{a}{b} = \frac{c}{b} \times \frac{a}{c} = a = 0{,}81005$$

En mesurant, maintenant, les angles de même espèce

P_1A_1 et P_1E_1 de l'autre octaèdre, on trouvera, en répétant les mêmes calculs :

$$\frac{P_1O}{A_1O} = \frac{c'}{b'} = \text{cotg } \rho' = 0,63203$$

$$\frac{OE_1}{OA_1} = \frac{a'}{b'} = = \text{cotg. } \rho' \text{ tg } \sigma' = 0,81005$$

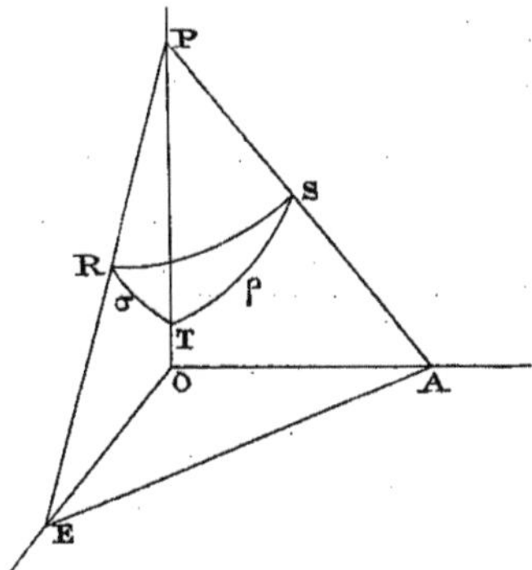

Fig. 128.

On en conclut que l'axe c seul a changé, et si l'on effectue le quotient $\dfrac{1,89620}{0,63203}$, on le trouve sensiblement égal à 3.

Le premier octaèdre étant donc noté :

Miller. . . . . (111)
Weiss. . . . . $a : b : c$
Lévy . . . . : $b^{\frac{1}{2}}$

le second le sera :

Miller. . . . . (113)
Weiss. . . . . $a : b : \frac{1}{3} c$
Lévy . . . . $b^{\overline{2}}$

Nous croyons inutile de multiplier les exemples de ce genre de calcul. Il suffit en effet d'en bien comprendre le principe pour arriver à faire face, avec un peu d'habitude, aux difficultés que chaque cas peut présenter en particulier.

Calcul inverse des angles par les axes pour les formes fondamentales, et par les caractéristiques pour les formes secondaires. — Il est bon, comme vérification, d'opérer les calculs réciproques des précédents, c'est-à-dire de retrouver les angles directement mesurés à l'aide des paramètres fournis par le calcul direct.

Si l'on ne retrouve pas une valeur très voisine de la leur, on en devra conclure soit qu'on a fait erreur dans le premier calcul, soit que la mesure des angles a été défectueuse et que par conséquent l'opération est à recommencer.

NOTE I

Interprétation physique de la loi de rationalité

Directions de clivage. — Les fondateurs de la cristallographie, et en particulier Bergman et Haüy, avaient découvert
qu'il existe en général dans les cristaux certaines directions
suivant lesquelles la rupture est plus facile.

Ces directions, appelées plans de clivage (de l'anglais *To
cleave*, fendre), et que chacun a pu remarquer dans le mica,
sont celles suivant lesquelles la cohésion est maxima tandis
qu'elle est minima suivant leur normale.

Si l'on clive un cristal scalénoédrique de spath d'Islande
(carbonate calcique), on parvient toujours à la forme rhomboédrique qui subsiste d'ailleurs à quelque degré que l'on
pousse la fragmentation.

C'est la généralisation de cette remarque qui amena Haüy
à formuler sa théorie sur la dérivation des formes appartenant
à un même système.

Molécules intégrantes. — Il admit, pour toutes les
molécules d'une même substance susceptible de cristallisation, une forme polyédrique identique.

On peut toujours imaginer qu'un groupement convenable de ces cristaux élémentaires, ou *molécules intégrantes*, engendre un noyau ou massif fondamental, géométriquement semblable à la molécule intégrante elle-même.

En supposant à celle-ci une forme prismatique de dimensions a, b, c, le noyau, prismatique aussi, prendra les dimensions na, nb, nc, c'est-à-dire que les cristaux élémentaires s'y trouveront rangés par couches parallèles à ses trois systèmes de faces, et en nombre égal suivant les directions des trois arêtes.

Dérivation des formes. — Toutes les formes possibles du système peuvent maintenant s'obtenir très facilement, soit par des additions de couches moléculaires modifiées suivant une certaine loi, soit par des soustractions opérées en sens inverse.

Pour fixer les idées, supposons que l'on ait affaire à un massif cubique, et soit xby la section droite de l'un de ses angles dièdres.

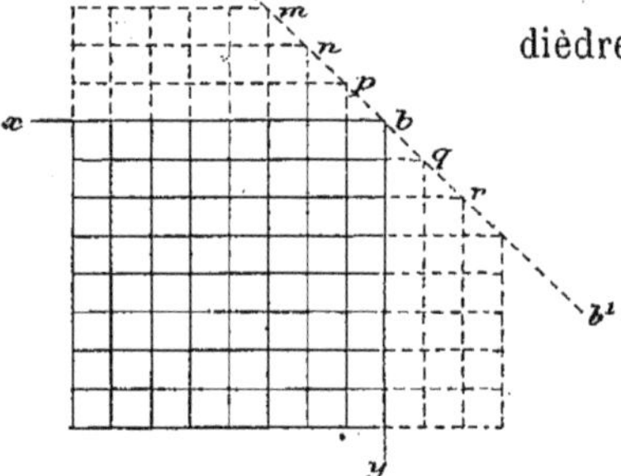

Fig. 129.

En superposant à chaque face des couches successives en retrait d'une molécule, de l'une à la suivante, il est évident que tous les sommets m, n, b, h, q, r… sont sur un même plan également incliné sur les deux faces du cube et que la forme résultante est le dodécaèdre rhomboïdal b^1 (l'exposant 1 exprime le rapport entre le nombre des molécules en retrait, d'une couche à la suivante, et celui des molécules constituant l'épaisseur de chaque couche).

S'il y a retrait de n molécules, chaque couche conservant la même épaisseur, la facette résultante est inégalement inclinée sur les deux faces et appartient à l'hexatétraèdre $b^x = b^{\frac{1}{n}}$.

Chaque assise peut d'ailleurs renfermer un nombre de molécules quelconque m, de sorte que le symbole le plus général du cube pyramidé est $b^{\frac{m}{n}}$.

Si maintenant nous faisons des superpositions de couches d'une molécule d'épaisseur dans lesquelles nous supprimons à chaque angle, pour la première, la molécule 1, pour la seconde les molécules 2, 3, pour la troisième les molécules 4, 5, 6, etc., la facette résultante sera également inclinée sur les trois arêtes du cube et appartiendra à l'octaèdre régulier a^1.

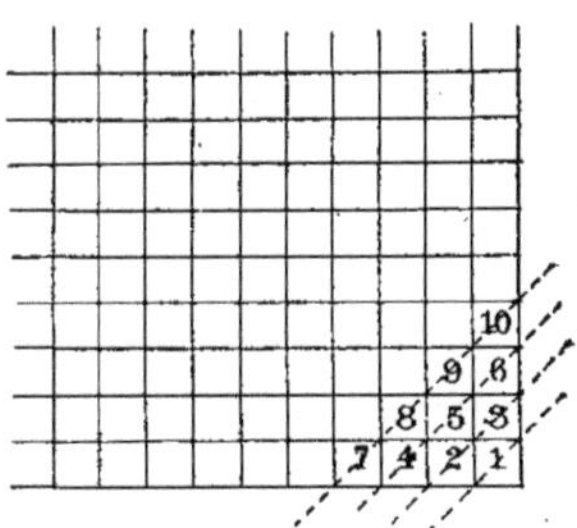

Fig. 130.

Si, les assises conservant la même épaisseur, nous supprimons chaque fois, non plus une seule rangée, mais en général n rangées diagonales de molécules, la modification angulaire sera plus inclinée sur les arêtes horizontales que sur l'arête verticale et dépendra de l'icositétraèdre a^n.

Lorsqu'au contraire on attribue à chaque assise une épaisseur de n molécules et qu'on ne supprime qu'une seule rangée diagonale de même épaisseur, en passant d'une assise à la suivante, on obtient le trioctaèdre $a^{\frac{1}{n}}$.

En général, les couches ayant une épaisseur de n molécules et le retrait s'opérant sur m rangées diagonales, le polyèdre résultant a pour symbole, $\overline{a^n}^m$ et est un icositétraèdre, un trioctaèdre ou un octaèdre régulier, suivant qu'on a :

$$\frac{m}{n} \gtrless 1.$$

Enfin, si l'on considère un prisme élémentaire ayant m molécules d'épaisseur, n de largeur et p de profondeur, et que l'on modifie l'angle par des superpositions de couches composées de ces prismes et dans lesquelles on supprime successivement une, deux, trois, etc., rangées diagonales de prismes, la facette résultante sera inégalement inclinée sur les trois arêtes du centre et appartiendra à l'hexoctaèdre $b^m b^n b^p$.

En résumé l'on voit donc qu'en partant de l'hypothèse d'Haüy, deux faces quelconques doivent intercepter, soit sur les trois arêtes du prisme fondamental, soit sur l'arête verticale et les diagonales des bases (directions intimement liées aux premières), des paramètres forcément rationnels entre eux, puisqu'ils ont respectivement pour commune mesure les trois dimensions de la molécule intégrante, c'est-à-dire des longueurs proportionnelles aux axes cristallographiques.

NOTE II

Transformation des axes et des caractéristiques

Les axes de Lévy n'étant pas les mêmes que ceux de Weiss et de Miller, on se trouve à chaque instant obligé de résoudre le problème suivant.

Connaissant les trois axes a, b, c de Miller (ox, oy, oz) et les angles α, β, γ qu'ils font entre eux, ainsi que les caractéristiques $(h_1 k_1 l_1)$, $(h_2 k_2 l_2)$ $(h_3 k_3 l_3)$ des trois faces du prisme fondamental, constituant les trois plans coordonnés de Lévy, calculer les trois axes a', b', c' de Lévy et les caractéristiques correspondantes $(h'k'l')$ d'une certaine face, sachant que ses caractéristiques par rapport au premier système d'axes sont (hkl).

Si nous appelons α', β', γ' les angles que forment entre eux les axes de Lévy, on trouve très facilement d'abord:

$$\cos\alpha' = \frac{b^2 - a^2}{\sqrt{(a^2 + b^2)^2 - 4a^2 b^2 \cos^2\alpha}} \qquad \cos\beta' = \frac{b\cos\alpha - a\cos\beta}{\sqrt{a^2 + b^2 - 2ab\cos\alpha}}$$

$$\cos\gamma' = \frac{b\cos\beta + a\cos\gamma}{\sqrt{a^2 + b^2 - 2ab\cos\alpha}}$$

puis, par la considération des triangles OAC, OCB :

$$c = c' \qquad a'^2 = a^2 + b^2 - 2ab\cos\alpha \qquad b'^2 = a^2 + b^2 + 2ab\cos\alpha$$

Observons maintenant que les plans coordonnés de Lévy

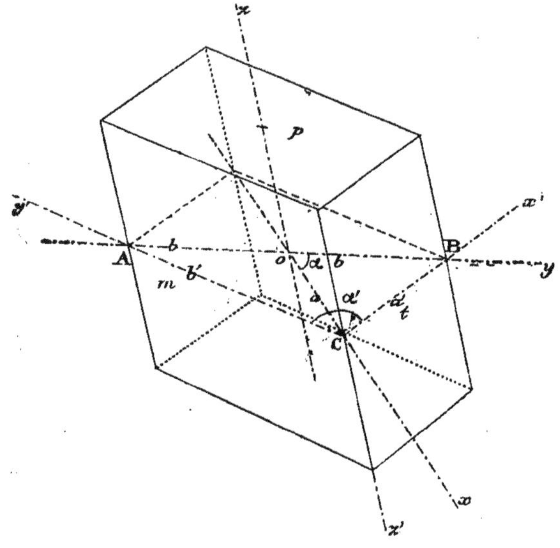

Fig. 131.

étant les trois faces p, m, et t du prisme fondamental, leurs caractéristiques par rapport aux axes de Miller sont :
pour

$$m \ldots\ldots\ldots (h_1 k_1 l_1) = (1\bar{1}0)$$
$$t \ldots\ldots\ldots (h_2 k_2 l_2) = (110)$$
$$p \ldots\ldots\ldots (h_3 k_3 l_3) = (001)$$

Or, en ramenant les deux systèmes de plans coordonnés à avoir une origine commune o, et en considérant les équations des faces p, m, t passant par cette origine :

$$\frac{h_1}{a}\,x + \frac{k_1}{b}\,y + \frac{l_1}{z} = 0$$

$$\frac{h_2}{a}\,x + \frac{k_2}{b}\,y + \frac{l_2}{c}\,z = 0$$

$$\frac{h_3}{a}\,x + \frac{k_3}{b}\,y + \frac{l_3}{c}\,z = 0$$

on arrive sans grande difficulté, même dans le cas le plus général, aux relations suivantes :

$$(1)\quad
\begin{cases}
h_1' = k_2 l_3 - l_2 k_3 \\
k_1' = l_2 h_3 - h_2 l_3 \\
l_1' = h_2 k_3 - k_2 h_3 \\[4pt]
h_2' = l_1 k_3 - l_3 k_1 \\
k_2' = h_3 l_1 - h_1 l_3 \\
l_2' = h_3 k_1 - h_1 k_3 \\[4pt]
h_3' = k_1 l_2 - k_2 l_1 \\
k_3' = l_1 h_2 - l_2 h_1 \\
l_3' = h_2 k_1 - h_1 k_2
\end{cases}$$

qui donnent les nouvelles caractéristiques des plans p, m et t.

et :

$$(2)\quad
\begin{cases}
h' = h_1' h + k_1' k + l_1' l \\
k' = h_2' h + k_2' k + l_2' l \\
l' = h_3' h + k_3' k + l_3' l
\end{cases}$$

qui donnent les nouvelles caractéristiques de la facette modifiante.

Dans le cas qui nous occupe, les relations (1) deviennent donc :

$$
\begin{aligned}
h_1' &= 1 & h_2' &= 1 & h_3' &= 0 \\
k_1' &= 1 & k_2' &= \bar{1} & k_3' &= 0 \\
l_1' &= 0 & l_2' &= 0 & l_3' &= \bar{2}
\end{aligned}
$$

de sorte qu'en portant ces valeurs dans les équations (2), on trouve finalement pour les caractéristiques nouvelles $(h'k'l')$ de la facette, dont les anciennes étaient (hkl) :

$$h' = h + k$$
$$k' = h - k$$
$$l' = -2l$$

NOTE III

Notions sur la théorie des arrangements réticulaires

Cette théorie, créée par Bravais, supplée à l'insuffisance de celle d'Haüy en donnant une explication rationnelle des lois d'observation qui font la base de la cristallographie, ainsi que des apparentes anomalies présentées par les différentes formes hémièdres et les formes hémimorphiques.

Elle a pour point de départ l'existence de plans de clivage plus ou moins apparents dans la plupart des cristaux.

La cohésion étant maxima suivant la direction du clivage et minima dans une direction perpendiculaire, doit varier entre ces deux limites pour les directions intermédiaires et suivant la même loi autour de points convenablement choisis dans le cristal, ce qui revient à dire qu'elle doit avoir une valeur identique suivant les directions parallèles passant par deux de ces points.

Points homologues. — On appelle *points homologues* tous les points régulièrement répartis dans la substance cristallisée, pour lesquels la précédente condition se trouve réalisée, ce'st-à-dire autour desquels il existe une répartition identique de la matière.

En supposant le cristal formé par un groupement rationnel de molécules polyédriques semblables et semblablement placées, il s'ensuit naturellement que les centres, les sommets homologues, et en général tous les points semblablement situés dans les molécules intégrantes sont des points homologues.

Il existe donc, pour un cristal donné, un nombre infini de systèmes de points homologues, mais il est évident que, pour tous ces systèmes, *les distances respectives des différents points restent parallèles et égales à celles des centres des molécules intégrantes.*

Arrangement réticulaire plan des points homologues. — Supposons que P_0 représente un point homologue quelconque: une ligne P_0y tracée par un point homologue immédiatement voisin P_1, situé à la distance b du premier, contiendra toute la série des points homologues P_2, P_3, P_4…. également espacés.

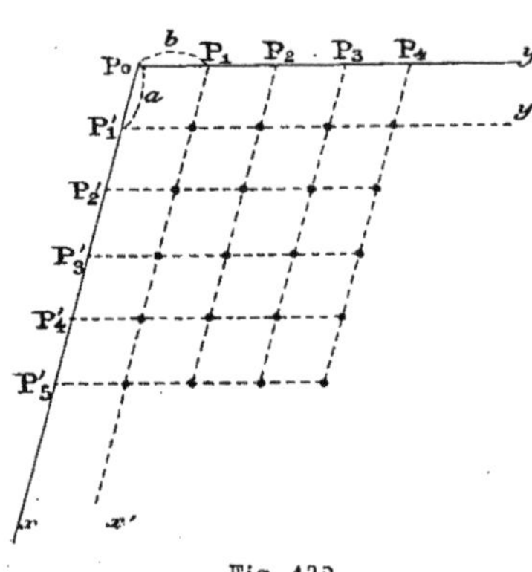

Fig. 132.

Considérons maintenant le point homologue P_1', satisfaisant à la condition d'être à la fois le plus voisin du point P_0 et de la direction P_0y, et traçons la ligne P_0x. Cette ligne passera par toute la série des points homologues P_2', P_3', P_4'… analogues à P_1' et comprenant entre eux le même intervalle a.

Si donc nous menons pour chacun des points P_1, P_2, P_3...
P'_1, P'_2, P'_3..... des parallèles à l'autre direction, nous partageons le plan xP_0y en parallélogrammes élémentaires égaux
et de côtés a et b, dont les sommets sont précisément tous les
points homologues de P_0 situés dans ce plan.

On appelle ce plan *plan réticulaire*, l'ensemble des parallélogrammes *réseau*, et leurs sommets *nœuds du réseau*.

Deux rangées voisines de nœuds telles que P_0x et P_1x' ou
P_0y et P'_1y' se nomment *rangées limitrophes*.

**Arrangement réticulaire prismatique des points ho-
mologues.** — Si nous considérons maintenant le point homo-

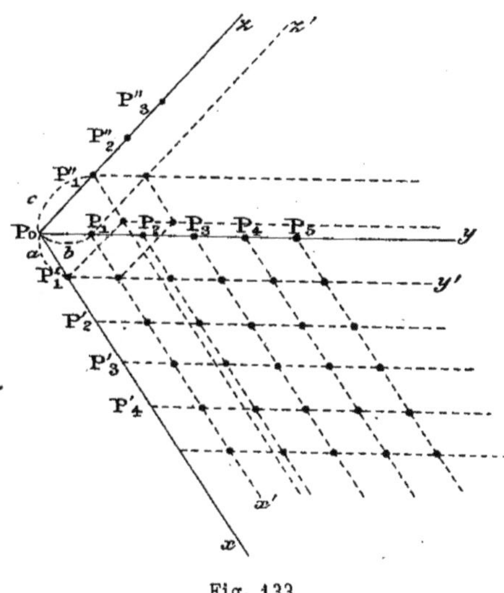

Fig. 133.

logue P''_1 satisfaisant à la condition d'être à la fois le plus voisin du point P_0 et du plan xP_0y, la ligne P_0z joignant ces deux
points contiendra encore toute la série des points homologues

P''_1, P''_2, P''_3 semblablement situés à des distances respectives c, toutes égales entre elles.

Les trois lignes $P_0 x$, $P_0 y$, $P_0 z$ forment un trièdre, de sorte qu'en menant par chacun des points homologues situés sur ses arêtes des plans parallèles à la face opposée, nous partageons l'espace en prismes égaux de dimensions a, b et c et dont les sommets contiennent tous les points homologues du point P_0.

On les appelle *nœuds du réseau prismatique*, et deux plans voisins tels que $z P_0 x$, $z' P_1 x'$ prennent le nom de *plans limitrophes*.

On suppose d'habitude que le réseau se rapporte aux centres des molécules, bien que la chose n'ait aucune importance par elle-même, puisqu'en vertu de la remarque déjà faite, les différents réseaux de points homologues ne se distinguent, dans une même substance, que par un transport parallèle à une certaine direction.

Ce qu'il importe de noter maintenant, c'est que le partage de la matière cristalline en prismes élémentaires que nous appellerons désormais mailles du réseau, peut se faire de plusieurs façons par rapport à un système de points homologues donnés.

Cela veut dire que les trois directions $P_0 x$, $P_0 y$, $P_0 z$, qui déterminent les mailles, restent arbitraires, sous la condition toutefois que leurs sommets renferment tous les points homologues, autrement dit qu'un prisme élémentaire n'est véritablement une maille d'un réseau que s'il ne contient dans son intérieur aucun point homologue.

Il est facile de se rendre compte que cette condition sera toujours réalisée, pour un système de points homologues, en adoptant pour première direction $P_0 x$ une ligne joignant

deux points homologues quelconques, pour seconde direction
P_0y une ligne astreinte seulement à joindre un nœud de la première à un nœud quelconque de l'une des rangées limitrophes,
et enfin pour troisième direction une ligne P_0z astreinte à
joindre le nœud P_0, situé à l'intersection des deux premières, à
un nœud quelconque de l'un des deux plans limitrophes du

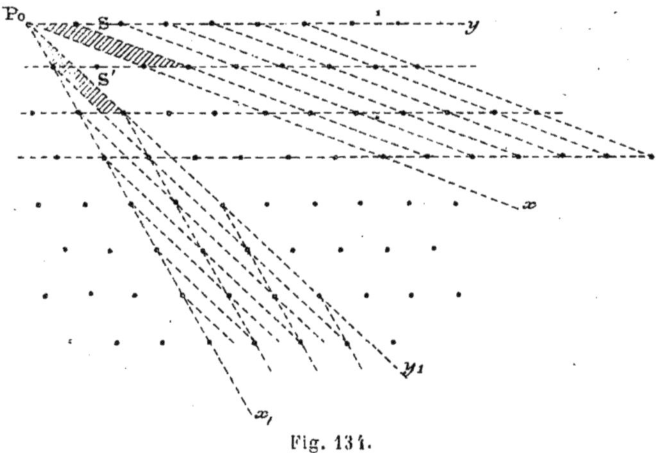

Fig. 134.

plan xP_0y. Les plans que forment deux à deux ces trois directions s'appellent *plans conjugués* ou *rangées conjuguées*.

Il s'ensuit, comme il est d'ailleurs très facile de le démon-
trer, que toutes les mailles compatibles avec un système
donné de points homologues *gardent un même volume sous
une forme différente.*

Parmi ces mailles d'égal volume, celle dont les arêtes sont
les plus petites s'appelle *maille fondamentale ou génératrice*
de l'assemblage réticulaire, et ses dimensions sont précisément
celles de la forme fondamentale de la substance répondant à
cet assemblage,

Signification des caractéristiques. — Supposons que ox, oy, oz représentent les trois intersections des rangées conjuguées correspondant à la maille génératrice. Soit P un nœud quelconque du réseau. D'après ce qu'on sait sur la constitution de ce réseau, les coordonnées du point P renferment chacune un nombre exact de fois la dimension correspondante de la maille génératrice, de sorte qu'en les représentant par a, b et c, les coordonnées du nœud peuvent s'écrire :

$$x = ma \qquad y = nb \qquad z = pc$$

ou simplement :

$$x = m \qquad y = n \qquad z = p$$

en prenant chaque paramètre pour unité de longueur.

Lorsque m, n, et p n'ont aucun facteur commun, le point P représente le nœud le plus voisin du nœud origine o situé sur la direction oP, et les trois nombres entiers premiers entre eux désignent le nombre de mailles comprises entre ce point et chacun des plans coordonnés ou rangées conjuguées, c'est-à-dire les trois caractéristiques de la rangée correspondante.

On appelle *plan réticulaire* tout plan passant par trois nœuds quelconques d'un assemblage donné.

Un plan réticulaire représente une modification possible de la forme fondamentale correspondant à l'assemblage.

Or un plan quelconque a pour équation :

$$Mx + Ny + Pz = Q$$

Si l'origine est un nœud et que nous astreignions ce plan à passer à la fois par cette origine et par deux autres nœuds de coordonnées $m_1 a$, $n_1 b$, $p_1 c$ et $m_2 a$, $n_2 b$, $p_2 c$, l'équation se simplifie et devient :

$$\mathrm{M}x + \mathrm{N}y + \mathrm{P}z = 0$$

pour laquelle les coefficients M, N et P satisfont à la relation :

$$\frac{\mathrm{M}a}{n_1 p_2 - p_1 n_2} = \frac{\mathrm{N}b}{p_1 m_2 - m_1 p_2} = \frac{\mathrm{P}c}{m_1 n_2 - n_1 m_2}$$

En remplaçant M et N par leurs valeurs en fonction de **P** tirées de cette relation, on obtient pour l'équation du plan réticulaire :

$$\left(\frac{n_1 p_2 - n_2 p_1}{a}\right) x + \left(\frac{p_1 m_2 - p_2 m_1}{b}\right) y + \left(\frac{m_1 n_2 - m_2 n_1}{c}\right) z = 0$$

De deux choses l'une, ou bien les trois parenthèses sont premières entre elles et représentent alors les trois caractéristiques h, k, et l du plan réticulaire, ou bien elles ne le sont pas et admettent un plus grand commun diviseur H tel qu'en les divisant successivement par ce plus grand commun diviseur on retrouve les caractéristiques hkl.

On peut donc dire que l'équation :

$$\frac{h}{a} x + \frac{k}{b} y + \frac{l}{c} z = 0 \qquad \text{ou} \qquad hx + ky + lz = 0$$

en prenant pour unité les paramètres a, b, c, représente toutes les modifications compatibles avec l'assemblage donné,

Une conséquence évidente de ce qui précède est que tout plan réticulaire intercepte, sur les intersections des trois rangées conjuguées ou axes, des paramètres dont les rapports avec ceux de la maille génératrice sont toujours exprimés par des nombres rationnels.

TABLE DES MATIÈRES

1er Decembre 24